On Spice

Advice, Wisdom, and History with a Grain of Saltiness

味道的颗粒
：
一部香料的文化史

著者 ［爱尔兰］凯特琳·彭齐穆格　　　　译者　陈溪

文化发展出版社
Cultural Development Press

·北 京·

献给祖父，我的盐

还有祖母，我的胡椒

目 录

序　言

　　我从小就在香料店中为家人工作，偶尔会在密尔沃基闹市区的商店给姑姑打些短工，读大学时则在彭齐香料店的工坊里度过了几个夏天。不过最多的，是在位于威斯康星州密尔沃基市郊区，我祖父的小店铺里工作和学习。从外面看来它毫不起眼：一个低矮的方块，上面有个三角形的红色砖砌屋顶（就像小孩子的画），人行道的裂纹大致划出了三个停车位。但是等你推开店门，非凡之处就会显现。香气从屋里向外扑面而来，势不可当的辛香，令人食欲大开的甜香，千种气味交织在一起，形成香料屋的味道。

　　我的祖父母在 1957 年，他们结婚的那年开了这家简陋的小铺子。他们培植了它几十年，直到事情被交到他们的孩子手里，最后，他们的孙辈在人生的旅途中推开了那扇门，在他们尚拿不稳铲子的岁数就开始筛选、搅拌、嗅闻香料。红砖顶一次次褪色又粉刷，香草的价格上涨又下落，我们三个在周末和暑假工作的孩子，在家庭和香料之间成长。货架上的东西大多还是老样子，香草荚在玻璃罐中俯视着一切，番红花安全地靠在角落，一百个罐子在货架上排成整齐的行列。随着每次抽屉弹开，大块头的老式收银机发出尖脆的响声。柜台挡着后面的房间，里面的工作台被杂乱占领，架子上满放着巨大的粗麻袋和塑料桶，其中装着更多的香料。需要一个比手还大的铲子才能取出盐。小金属罐来自西班牙，在灯光下闪闪发光，仍然散发着里面曾运载的番红花的味道。嘈杂的肉桂研磨机随时准备就绪，笨重又盖满肉桂的粉末，已经是有几十年历史的东西了，不过看起来倒像是从工业革命那会儿过来的。

现在全都不见了：肉桂研磨机、粗麻袋、老式收银机，它们已经被从建筑物中请出。这座建筑也许会空无一人，但永远浸满千种香料的味道。我上一次在那里工作是四年前，就在我从密尔沃基搬到芝加哥，从事新的令人振奋的工作之前。未来是如此的有力，让我都没能好好留意那个时刻，我在香料屋时光的结束。整整一个早上，我和祖母一边喝咖啡，一边在柜台装肉桂罐子，软柜台面让工作更加安全。砰砰砰，空气随着轻叩排出，肉桂在罐子里下降了一厘米，然后我们在新腾出的空间中放进更多肉桂。这方法是祖父教给我的。他说，如果你懂得聆听，香料中就有音乐。他在几年前过世，对于跟他的上一次交谈，我甚至没有比上一次商店下班，我锁上身后那扇考究的旧门时留意得更多。

在很多方面，写这本书是我回到那个地方的尝试。对于在它的商品之间成长的我和我的兄弟姐妹，那个地方强烈的香料味道是世界上最熟悉的事物。我们会挤在充满香草甜蜜温暖气息的房间里阅读神秘的书籍，然后去小厨房等着祖父用神秘的香料组合烹

任猪排。祖母给自己煮咖啡，给祖父泡肉桂茶。之前，我一直都
不喜欢肉桂茶，但现在我几乎每天都喝。

我不得不重新学习很多被我遗忘的东西：豆蔻的起源，胡椒的
种类，土耳其百里香和墨西哥百里香的细微差别，如何再次加热干
芥末。我在香料中成长，但它们对我来说就像空气：我被包围在
其中，把香料看作理所当然。柜台边的课程被教给上千位不同的
客人，他们想知道我们是否有香料可以让西兰花的味道更好，或
者豆蔻粉对他们的节日饮料是否真的必要。有时我知道答案，有
时我要跑回后面，找正在忙碌的年长的人，寻求我本该知道的答案。
"帮我想想我马拉巴尔胡椒和楠榜胡椒的区别。""我们有比哈乐佩
纽辣椒（jalapeño）还辣的辣椒吗？""香草荚能存放多久？"

正如您接下来将会看到的，写香料就是写我的家人。这本书解
答了我在店里工作时，反复听到的那些问题。这里选择的不少内容
来自我从小与香料共度的时光，我希望这些实用的信息和建议能
够让那些对烹饪和香料感兴趣的人受益。这本书也解答了那些顾
客没有提出的问题，比如昂贵的香料是否更优秀（仅在某些情况），
奇迹香料的功效（高度怀疑），以及是否值得努力烘焙面包和手工
研磨香料（只要你有时间）。

香料也是其他主题的窗口——历史、传说、烹饪、文化、科学、
食品生产，当其中有趣味话题时，我会把它纳入讨论。有时我觉
得自己知道答案，但在进行解释时却发现自己缺乏知识，我会查
阅那些还在祖父母房里保存的关于香料的老书。研究让我走进了

一些自己没有想过的途径，但是祖父母在教育中尝试告诉我们的事情之一，就是始终追随你的好奇心。每当香料开始歌唱，我便驻足聆听。

这本书不是技术指南或科学读物，也不是一本关于香料的史书。从某个角度上说，这与在香料商人家庭中成长的感觉相当接近。在该做什么和不该做什么之间，是个人化的解释和建议，它们与祖父母经营店铺的方式相一致。他们的店铺和故事总是不止于香料。

没有正确的方法

不少顾客希望知道关于某种香料的正确使用方法，还有更多的顾客乐于得到带有明确指示的答复。这些明确指示所表明的，更多是人，而非香料。简单来说：任何人强调必须以某种方式使用某种香料（或者不能以某种方式使用某种香料），都是错误的。香料不能划分成整齐利落的类别。

和食谱一样，香料也应该经过细致的调整。你可以在咖喱酱汁中添加任何配料，甚至是传统咖喱中没有出现过的香料。如果愿意，你可以把黑胡椒用在所有食物上，甚至是淡色的酱汁，美食作家喜欢断言这是属于白胡椒的地盘。塔可（墨西哥夹饼）调味料能够征服的地方不只有夹饼。孜然不仅仅是一种墨西哥风味，可以应用的地方超出你的想象。

我希望每个人都将自己的香料架视作无限可能的烹饪前景，而不是疲于搭配的俄罗斯方块。你有没有尝试过将肉桂粉倒入罐子？一不小心就会炸出一个蘑菇云。香料非常混杂，无论传统、惯例，还有名厨们教你如何使用香料，都不重要。自从人类开始收获香料以来，香料的应用就很灵活，为什么现在要忘记这点呢？

香料让食物可口，真没有什么更复杂的了。

什么是香料？

一个厨师、一个植物学家、一个经济学家和一个科学家围坐一桌，共进晚餐。他们都喜欢香料，而且都是喜欢争论的类型，他们开始打破沉寂。厨师称餐桌上的盐为香料。这说法冒犯了植物学家，他说盐不是一种植物，而是矿物，所以根本不能算是香料。科学家要求确切地定义植物的哪个部分为香料，是取决于挥发油，还是香料必须来自植物的某个特定部位，他挑战了植物学家的说法。经济学家插话说，贸易管理结构根本不会在意是矿物还是植物。

邻桌一直在偷听的地理学家坚持认为，当地种植的香草与来自地中海的香草，之间存在很大差异。厨师已经无法忍受这次谈话，为开了话头而感到闷闷不乐，香草不是香料，它们是不同的分类。尽管如此，他还是大声说了出来，如果芫荽叶算是香草，那芫荽籽又算是什么呢？

我不是厨师、植物学家、经济学家、科学家，或地理学家。我做饭，在我眼里那些加到饭菜中使味道更好的粉末、种子、叶子、液体，当然还有矿物，都是香料。这是一个非常宽泛的定义，永远也不会通过并被收入杜威十进制图书分类法。幸运的是，香料属于厨房，食物不会对香草和香料的区别，或者盐应该被分到哪类发表意见。为这些问题劳神，是最近才有的事情。长期以来，香料只是意味着稀有以及通常昂贵的商品：香料（spice）和特产（special）有着共同的来源。百年战争期间，当黑死病肆虐欧洲的时候，欧洲人认为糖和橙子是香料。与胡椒和肉桂一样，它们是稀罕物件，味道绝伦，来自遥远的地方。

　　我所感兴趣的是，如何在厨房中使用这些粉末、树皮、叶子、种子、花朵、雄蕊、提取物、坚果、种荚、果实和矿物，除了制作美味的食物之外，别无其他。我认为所有这些商品都是香料，无须制作一个复杂而精致的侦探线索板，用红线把月桂叶和肉桂连接起来。我发现，按照死板的原则对香料进行分类，对理解如何使用香料改进烹饪水平几乎毫无帮助。

　　不再赘言，让我们开始探索这个狂野和芬芳的世界。

祖父教授我们三个香料知识

盐

胡椒是王者。它是艳俗的皇室成员，是香料中的卡利古拉皇帝、玛丽·安托瓦内特和猫王。胡椒依神圣的权利进行统治，但神圣的却是盐。也许是希腊的赫利俄斯（Helios），他的四轮马车将太阳带至地球各处。或者是阿兹特克的丰饶女神维斯托西瓦特尔（Huixtocihuatl），她看管着盐和咸水。如果条件有限，人们可以没有胡椒，但是没有盐就不能生活。

低钠血症是钠缺乏症的医学术语，马拉松运动员可能会更熟悉这一状况，他们了解，如果他们出太多汗之后仅仅喝水，他们的身体就有垮掉的危险。控制血压，帮助中枢神经系统，维持血细胞中的液体含量，钠在我们体内起着至关重要的作用。一些科学家认为，我们对盐的这种需求就是我们如此爱它的原因：我们需要它来生存，所以我们喜欢它的味道。

我们可以通过食用动物的肉或者直接摄入来获取盐。即使是在几千年前，看起来人们也知道，盐不是可有可无的东西。古罗马博物学者老普林尼涉猎广泛，他的著作提供了许多我们所知的古罗马时代关于植物的认知（他还创造了百科全书的模型），他写道："老天知道，没有盐就不可能有文明的生活。"几百年后，罗马人卡西奥多罗斯（Cassiodorus）说："没有金子人类还能生活……但不能没有盐。"至于他们是否知道自己的身体需要盐才能运作，这点意义不大。环顾世界，盐出现在各个文明的历史之中，人们深情地把它撒在食物上（不过例外的是，似乎有证据表明某些北美原住民没有获取食用盐，而是通过食用动物的肉来获取氯化钠）。甚至有证据表明，在上一个大冰期，人类使用盐来保存食物。

对于用餐时桌上必备盐瓶的人，比如我自己来说，盐似乎是食物所必需的，而不是我们的身体。有好几年，我的公寓里一直有两个盐瓶：一个放在厨房，一个放在餐厅的桌上。然后，我不确定这是怎么发生的（弄不好这就是香料在我的家庭成员间流动的方式），每个房间就都有一个盐瓶了。如今在我的厨房，除了盐瓶，还增加了一个盐罐，给了我在做饭时撒一些盐和捏一撮盐在食物上的选择空间。

我知道，不是只有我的家人在用餐时会经常说"能递给我盐瓶吗"。我有些好奇，对于盐的这种需求是否也会让别人家的姑妈在圣诞那一天出现，就像神话里面的女神，递给每个家庭成员一个盐瓶，上面有炫目的金色字母组成每个人的名字。但是，就像那些怎么也找不到的袜子和笔，盐瓶似乎注定要消失在虚无之中。姑妈像圣诞老人一样分发的那一打盐瓶，如今只剩下几只。这就是（我这样告诉我自己）为什么我的每个房间都有一个盐瓶：对它们的需求实在太高，让它们没办法在一个地方待太久。

盐就是盐

祖父有句口头禅："盐就是盐。"他的意思是，盐可以分成一些不同的类别，但是它们之间的区别又没有什么意义。大致的分类有岩盐、犹太盐，以及彩色盐（灰海盐、喜马拉雅粉盐、夏威夷红盐），等等。它们各自有别，但是当用它们来给你的食物增添咸味之时，它们全都是盐。这是一句我很受用的格言，尤其是每次被稀有又昂贵的小批量产品吸引的时候。幸运的是，对于盐来说，无论你买的是杂货店货架上的加工制品，还是搜罗到了一年只开采六百磅的日本棕盐，都不重要。用昂贵的盐做吃的食物，并不会比用廉价盐的味道更好。盐就是盐。

我最喜欢的盐位于最便宜的档次：犹太盐。长大后，我的家里很少用别的盐。尽管传统上这种盐是用来制作犹太洁食的，但你手上的盐却不一定是犹太洁食。当然，几乎所有盐都是犹太洁食，并且可能通过了宗教认证（检查下包装），但是不管它们的外观看起来如何，不是所有"犹太盐"都获得了认证。盐在烹饪上的差别不是来自颜色、来源或宗教信仰，而是表面积。

可以通过冰、雪、雨的例子来理解这个差别。一粒岩盐好像一块厚冰，它掉在地上，融化得很慢。而犹太盐如同雪花，它落在地上立刻就融化，并扩散到周围的地面。精盐类似冰沙或大雨，它一粒粒落下，在食物间弹跳，落入缝隙，就像沟槽中的雨水。这就是为什么犹太盐更适合在餐桌上使用，它融化得快，覆盖更均匀。我的父亲是一个厨师，他喜欢这种盐易于拿起和捏碎的厚实质地。一两年前，我又弄丢了一个盐瓶，手头连个形状类似的替换都没有，我把犹太盐倒进了一个小烤模，就有了一个临时的盐罐。这让我想起父亲说过的，以这种方式用盐，可以让手指、盐和食物之间的联系更直接。你能感觉到自己的手捏起了多少盐，进而知道自己实际上撒了多少盐到食物上。现在，我在厨房主要使用盐罐，把盐瓶放到了别的房间。（另外，弄丢一个罐子比弄丢一个小瓶要难多了，小瓶可能随手被塞到什么地方，脱离视线，进而悄悄地消失在房间的边界之外。）

所有盐都不只是盐，从化学上说

所有食盐都是氯化钠，但大多数，不管是天然还是人工添加的，都含有其他矿物质。纯氯化钠是白色的，如果您使用的盐不是白色的，那么可以推测盐中的其他混合物质可能比氯化钠要多。批量生产的精盐经过纯化，以消除这些天然添加物，它们是其他一些盐的醒目特征，这让精盐几乎没有彩色盐的风味。

这些彩色盐含有矿物质如镁，以及硫酸盐、土壤沉积物、藻类和细菌。这些添加物有携带污染的风险，尤其当产品是由海盐加工而成时。^① 这些盐非常古老，有上百年或更久的历史，不排除期间混杂了悬浮在空气中、漂浮在水中或沉入土壤中的杂物。

盐的种类

精盐（table salt）：这是最常见的盐，如果你打开餐桌上的盐瓶，里面基本都是这种盐。它们呈接近圆形的精致小颗粒。有时其中还掺有大米和抗结块剂，以防止盐结块。通常，我不使用这种盐，尽管它很适于加到意大利面锅的水里，或有用于解决地毯的跳蚤问题。不过，精盐确实有一个重要的作用：它含碘，一种重要的补充剂。^②

灰海盐（gray sea salt）：除了新鲜的番茄，其他食物我都用犹太盐。灰海盐粒大又潮湿，颗粒会结成大块。它强烈的矿物质味道非常适合新鲜的蔬果，比如番茄^③、西瓜和桃子。因为潮湿形成的大颗粒，让灰海盐很适合直接作为菜品最后的装饰，用于肉类菜肴比如鞑靼牛肉，或者意式生鱼（crudo），以及一些甜点。当你需要盐停在食物表面而不融化时，使用灰海盐。

---

① 不过，我不会过分担心。太多食物都有潜在的风险，我们不能把生活全都用在担心上面。

② 碘缺乏会导致成人的甲状腺肿和新生儿的精神问题，二十世纪二十年代发起的甲状腺肿预防计划将这种必需的补充剂添加到盐中。将其添加到精盐中的做法非常聪明：每个美国家庭都吃盐，无论所处的地理位置和收入多寡。从科学上讲，向盐中添加碘也很容易。

③ 番茄和盐一起食用非常搭配，因为盐会破坏番茄的膜并吸引其汁液，使番茄的风味远胜于不加盐。此外，盐还添加了其本身的咸味。

粉盐（pink salt）：有几种粉色（或红色）盐，最常见的是喜马拉雅盐和夏威夷盐。它们的漂亮颜色来自周围的矿物，如果是真的夏威夷盐,它的颜色来自临近富含氧化铁的火山黏土。记住这个很重要：这些矿物质并不是盐本身。粉色和红色盐是言过其实的典型例子。在所有高价的奢华食用盐中，没有比对粉盐的崇拜和迷恋更奇怪的了。像一块巨大粉盐晶的喜马拉雅盐灯，光源被放在内部，对其功效的吹嘘从冒傻气（清洁空气，改善能量、情绪和睡眠），一直到不可救药（治疗季节性抑郁症和减少空气中的过敏原）。[1] 虽然一些鉴赏家可以品尝到彩色盐中的微妙风味，但重要的是盐的质地。通常彩色盐的颗粒较大，在要求使用彩色盐的食谱中使用其他大颗粒的盐就行。

黑盐（black salt）：黑盐可能是黑色的，因为其含有大量的碳，或者也可能实际是粉色或者白色的，它们经过与香料一同处理而加深了颜色。黑盐的配方可能包含任何你能想到的香料，从香草到肉桂到辣椒碎。某些类型的彩色盐经过烹煮会变黑。

盐之花（Fleur de sel）：和其他来自法国的美味一样，这种盐传统上是收获于特定地点的:布列塔尼的盖朗德。它的名字直译自法语，是一种精致的盐，通常价格昂贵。盐之花中的矿物质干净而明亮。

---

[1] 《纽约时报》2017 年 8 月的文章 "正在萨克斯商店：盐室，未来零售的成长与展望"（Now at Saks: Salt Rooms, a Bootcamp and a Peek at Retail's Future）中描述了 "盐室"，镶满喜马拉雅粉色盐的密闭小房间，由百分之九十九的氯化钠构成的蒸汽被雾化到房间内，顾客会进入房间呼吸十分钟。大家伙小心了：这些疗法都是胡扯。盐就是盐。

将这种盐用于最后的装饰是不错的选择，可以给食物增添嘎吱嘎吱的口感。嘎吱的口感是我唯一使用这种盐的地方，因为我更喜欢将大颗粒、有质地的盐撒在热菜如煎菠菜，或一块优质的黄油上。

岩盐（rock salt）：不是下雪后在路面上看到的东西，但它的外观确实也是大圆粒。岩盐被加工成大粒，与研磨器一同出售，然后再毫无理由地磨成小颗粒。

板状盐（slab salt）：你也许在一整块粉色的盐板上用过餐，它是巴基斯坦的喜马拉雅盐，因其所含的矿物质和打造氛围的能力而扬名。它闪闪发光，非常漂亮。餐馆用一整块盐板上菜，制造令人瞠目的效果，另外盐板还能够将热菜或者冷菜的温度保持相当一段时间。

烟熏盐（smoked salts）：就是上述的某种盐经过烟熏得到的，有时还会添加香料，用来增添风味。根据烟熏用料的不同，烟熏盐会呈现不同的风味，如用不同木炭烤制的牛排品尝起来会有所不同。此外，还有更花哨的烟熏盐，比如使用陈年酒桶进行熏制的，据说可以赋予盐葡萄酒的风味，还有更重要的，可以卖个好价钱。

适度吃盐

对于人类生存历程中的大部分经验来说，弄到盐可不像今天这样容易或便宜。含盐的和含脂肪的食物很稀有，但又是必需的。那为什么人们又要减少盐的摄入呢？是因为盐本身有害，还是它会增加中风和心脏病的风险？

的确，大多数美国人吃的盐多于他们身体所需。[①] 世界卫生组织和美国疾病控制与预防中心共同倡议，将平均盐摄入量减少30%。换句话说就是降低全球食盐消费量的约三分之一。[②] 有趣的是，世界各地的盐摄入量是大致相同的，所以不只是美国居民的盐吃多了。只要盐随手可得，人们就会吃得比他们需要的多，这暗示我们是一个对盐有着普遍热爱的物种，我们演化出了对手边的盐的持久渴望。英国的平均钠输入量和美国大致相同。在日本，因为传统上对于酱油和腌渍食品的倾向，平均钠摄入量比美国要高。

如果你希望降低钠摄入量，其实不必对盐瓶下手。我们吃下的大部分盐来自包装好的预制食品，我们平时从便利店买的食物里也盐量可观。成品面包、瓶装酱料和沙拉汁、肉类熟食、再制干酪、咸味零食都是我们过量钠摄入的嫌犯。不管你是叫了外卖还是坐在餐馆，食物的味道大多会令你满意，因为菜肴被添加了可接受范围内尽可能多的盐。这些是令普通人在日常饮食中摄入过多钠的真正媒介。[③]

---

① 根据美国疾病控制与预防中心2013年的一项研究，美国超过90%的人口盐摄入过多。美国卫生与公众服务部将每日最高盐摄入量定为2300毫克。研究发现，美国人的平均每日盐摄入量为3592毫克。

② 按照世界卫生组织的说法，这是一项讨论减少盐摄入量的研究。

③ 美国疾病控制与预防中心估计，美国人平均钠摄入量的71%来自加工食品和餐馆食品。（来源：美国疾病控制与预防中心："钠和食品来源"。）不过，根据《美国医学会杂志》2017年6月的一项研究，"商店购买的包装食品和饮料中的钠含量在2000年至2014年下降了约18%"。（来源：《美国医学会杂志》，"美国家庭购买包装食品和饮料中钠含量降低，2000年至2014年"。）

如果你想削减盐分，请避免那些食物。少一些切片面包，用自制的油醋汁替代瓶装沙拉汁，断了咸味零食，这些将减少你的钠摄入量,远比你在餐桌上尽量少撒要更实际。你可以多加一些盐（相对于尽量少），好享用盘子里的猪排和青豆，一盒盒麦片和一袋袋薯片早就破坏了你的减盐计划。如果有人因为你在餐桌上多放了一些盐而大惊小怪的时候（让我在餐桌上慢点放盐的提醒次数，已经数不过来了），冷静地告诉他，超过三分之二的美国人平均盐摄入量来自预制食品、快餐和餐厅。或者，你也可以借用撒盐大户，我的祖母的回复，"医生说了，我就照做"。

尽管祖母热衷于撒盐，但是你也不会抓到祖母把自己的盐带到餐馆（尽管她确实在汽车的手套箱里放了，以备半路吃快餐时，薯条的盐没有放够）。在自家的商店，听着那些谈话长大，让我知道犹太盐的优点，并能够欣赏用盐为食物调味，但家里没有人敢在餐厅里使用自己的盐瓶。我曾经看到有人在牛排馆里这样做，只能假设人们带着自己的东西（通常是盐瓶），是因为缺少足够的安全感,相信带上装备能够让自己看起来像个行家。围绕着食物和香料，有很多让人缺乏信心的因素，商人们让你相信，如果想要做好饭，需要做的就是购买更多东西。进而，在去牛排馆大快朵颐之前，你必须彻底弄清楚自己所需要的行头。不过，你也可以把放盐的事情交给厨师，或者，如果你不信任他们，可以去另一家餐馆。

磨盐器是垃圾

我使用"抖"来形容往食物上加盐，而不是"磨"。

研磨胡椒是合理的，因为这个过程会打开胡椒粒，得到新鲜的胡椒碎。仔细观察胡椒粒，你会看到黑色、皱缩的表面。你所看到的是经过干燥的外皮，它如同天然容器，封住里面胡椒果肉活跃的风味。这就像香蕉和牛油果，除去外侧的保护层，才会露出里面美味的果肉。当切开水果之时，它们就会开始氧化，暴露于空气中一段时间后，苹果和牛油果就会变成棕色。如果事先研磨，胡椒也会氧化。因此，应该在准备撒上食物的时候再研磨胡椒，破坏外壳，使用胡椒碎为食物调味。虽然外壳已经硬化，但还是带有风味。

另外，盐只会被碎成更小的块。在餐桌上研磨并不会让盐更新鲜，因为盐的里面没有东西要释放。这样只是让盐从一大块变成几小块。我猜测，之所以磨盐器越来越多见，是因为人们喜欢对称，餐桌上矮一截的盐瓶配不上漂亮的木制胡椒研磨器。但是问问自己：是否会没理由地喜欢上非必要的对称？如果答案是肯定的，那么磨盐器适合你，尽管你也知道它是没必要的。

另一个从磨盐器产生的胡扯是：盐是潮湿的。你是否往桌上蹾过盐瓶，来弄碎里面的结块？盐会自然结块是因为它的吸湿性，意思是……这是一个复杂的词，盐颗粒会吸附水，直到部分溶解，从而与其他颗粒结块。将盐放进研磨器通常会腐蚀研磨器的部件，因为空气中的水会被盐的晶体吸附。就像平时会见到的，经常放在雨中的自行车和扳手会生锈。请注意：如果一定需要磨盐，请购买专门为此设计的研磨器。大多数胡椒研磨器的机械部件是由碳钢制造，这些部件会被盐腐蚀。如果至此你依然需要磨盐，陶瓷部件的研磨器可以满足这一需求。

慷慨用盐

几乎没有必要去赘述盐的多种用途。不同于芫荽籽，盐的用途是明显的，也是无止境的。你早就知道何时才能在餐桌上加盐：觉得需要时。家庭大厨知道，在放意大利面之前先往沸水里加盐，这有助于发挥意大利面的风味。盐也经常和胡椒一起使用，出现在各种烹饪的不同过程中。想想不起眼的烤蔬菜，蔬菜被切成块，与盐、胡椒和油混合。从烤箱取出后，再次撒上盐和胡椒，这样看起来才足够。但当蔬菜到达餐桌之后，还会再被撒上更多的盐。

我支持进餐时在盘子中加盐的做法，这样可以决定自己吃多少盐，味道也会比在厨房加盐要好。当然，你要在煮饭和面时加盐，但是我建议，减少烹饪过程中对蔬菜和肉类使用的总体盐量。盐仍然是使食物美味的最重要的一种香料，但它无处不在，让人们忽视它的存在。

盐是一种味道"增强剂"，这意味着它可以带出食物中本身存在的风味。让甜的食物更甜,肉类食物更有肉味,油炸食物也更……

香。往食物中加盐是我们的第二天性，因为你能够尝出其中的不同。盐总在食物上。但是，即使效果不是显而易见的，我们依然使用盐来改善食物的风味。实际上，所有烘焙食品都有理由加上一两茶匙盐。如果不加盐，蛋糕、曲奇、布朗尼的风味就是那么弱。盐在面包烘烤中至关重要，不只增强风味，还可以控制酵母，也是合格面包屑所必需的。

味精

盐没有味精那种"被误解的让食物变得好吃的白色小颗粒"的烦恼。不同于盐，很少有人为味精辩护。谷氨酸一钠，是谷氨酸的产物，是在蘑菇、番茄、硬质奶酪如帕尔马干酪中发现的天然物质。这些食物的共同特点是丰足的鲜味，这是一种混合了味道和口感的，不会错过又难以描述的特征。

味精并不有害：它不是过敏原，也不对头痛负责。多年来，味精承受了很多负面报道，但是科学界几乎没有开展进一步研究，以证明其无害。不过，如果你享用过蘑菇、奶酪或番茄，你就可以食用味精。美国食品药品监督管理局认为味精"通常被认为是安全的"，而欧盟（食品立场通常比美国政府更新更好）把味精归类于特定食品中特定用量的"安全食品添加剂"。仅有的少量研究可以证明，味精与被认为由其引起的头痛之间，并没有联系。

味精可以增强食物的风味。它的作用像盐，但是不能代替盐。

盐很容易检测，但是味精则不行。的确，味精有其独特的味道：明显的鸡肉汤味道。但是，这种味道只在纯食和过量添加时才明显。当适量的味精被添加到食品中时，这种味道就会被忽略，只会留下食物本身味道的加强版。它增强了已经存在的风味，并减少了酸味和苦味。味精甚至会让盐的味道更咸。

一个简单的味觉测试就能证明味精的威力。制作你喜欢的随便哪种汤，也可以用手上的存货或袋装速食汤，买来的汤块或者汤浆兑开水也没有问题。把汤分成两碗，其中一份撒上些味精。尝尝两碗汤，你会发现其中一碗比另外一碗好喝太多。味精让普通的汤更像汤。味精通常是溶解到菜肴中，比如汤和炖菜，但是我也会直接把它当作调味料添加。

一天晚上，我和几个朋友点了外卖比萨。我准备了一些自己的调味料：红辣椒碎，还有一种我们称为"北面"的混合调料——红菜椒、火葱和香草简单混在一起。其中两个朋友去探索香料柜，尝试不同的香料，来寻找自己的调味料。他们回来的时候问我，M56 是什么，他们发现了一种看起来很神秘的白色颗粒，它有个古怪的手写标签。随后，他们得出了结论，这是所有比萨调料中味最棒的，添加之后立刻就让比萨的美味爆发。它不是什么神奇的东西，M56 就是祖父在忙乱中写的 MSG（味精）。

塔塔粉
. . . .

　　塔塔粉通常用于"稳定"打发的鸡蛋，以制作蛋白脆饼、掼奶油、天使蛋糕，以及各种派。塔塔粉也是涂鸦曲奇中的关键成分，因为它能够阻止糖重新结晶，保持面团柔软，烤制出的曲奇比没有添加塔塔粉的更筋道。

　　塔塔粉是由酿造葡萄酒时沉淀的钠晶体提纯制作而成。[①] 这个晶体来自葡萄的酒石酸在酒桶内壁形成的硬壳，尽管我们买到的塔塔粉是粉末，但在它的老家是奶油状的，它的名字（cream of tartar）因此而来。它有时也被称为酸盐，是无钠盐和泡打粉的关键成分。也可以用塔塔粉制作面团给孩子当橡皮泥玩，即使吃下一些也不会造成伤害。

加了一粒盐

　　盐可能是俗语里出现最频繁的家庭食材了，"加了一粒盐"（没太当真，take it with a grain of salt），"世上的盐"（高贵的人，salt of the earth），"值这么多盐"（是称职的，worth your weight in salt），更不用说那些坚持至今的古老迷信，比如不小心弄撒盐之后要从左肩膀上抛盐，或者罗得的妻子变成盐柱的故事（好像也没那么

---

① 《牛津食物指南》（*The Oxford Companion to Food*），225 页。

糟）。在我长大之后，奶奶还在从自己的肩膀上抛盐，说这是用来避免坏运气的好习惯，就跟不在剧院说出那部苏格兰戏剧的名字，和打喷嚏后说"上帝祝福你"一样。至于为什么要从左肩上抛盐，大多认为和左边—罪恶—恶魔的说法有关。按祖母的说法，这样能"阻止恶魔的企图"。米歇尔·安娜·乔丹（Michele Anna Jordan）在她的《盐与胡椒》一书中写道，据说魔鬼徘徊在我们的左边，"等待我们走神的时刻，好进入我们的灵魂，笨拙显然是其主要入口。盐，似乎能在那隐形的路上阻止它们"[1]。

让中土食物变美味

难以想象生活里没有盐会是什么样子，即使是在幻想的世界。这些平行宇宙向我们展示了神奇的魔法、非凡的生物、超前的技术……还有盐。从经典文学到如今的电子游戏，作者和艺术家们都不愿意从他们的作品中去掉盐。盐作为好客和友谊的标志，可能起源于《一千零一夜》。其中一个故事里有个盗贼，他闯入苏丹的藏宝室搜刮珠宝。但是在黑暗中，他碰巧舔到了一块咸石头，因此他扔下珠宝离开了藏宝室。因为，"一个人不能从给他盐的人那里偷窃"。

《权力的游戏》的爱好者也接受了类似的教导，真是谢谢 HBO

---

[1] 《盐与胡椒》（*Salt & Pepper*），3 页。

剧集中的红色婚礼。剧中佛雷家族邀请史塔克家族参加一场婚礼，并残忍地谋杀了他们。让观众和读者感到震惊的是好几个主要人物死在了一个血腥场景，而让维斯特洛虚构世界中众人震惊的是，佛莱家族打破了"宾客权利"的传统。这是一个神圣的习俗，盐和面包的招待代表着主人提供的安全。[①] 凯特琳·史塔克告诉她的儿子："一旦你吃了他的面包和盐，你就有了宾客权利，接待法则就在他的屋顶下保护着你。"打破宾客权利惹怒了古老的神灵。后面，佛雷家族的族长及众多子嗣都迎来了可怕的结局。

在派崔克·罗斯弗斯的"弑君者三部曲"中，一个居民嘟囔着抱怨盐昂贵的价格。系列小说的主角，科沃斯甚至为一个缺少食物的朋友搞到了盐，并告诉她里面有微量的矿物质（含碘，可能是那里大学添加防止甲状腺肿的）。

我最喜欢的盐的用法之一来自《塞尔达传说：旷野之息》，这是一款新近推出的电子游戏。游戏者操控的角色，林克，可以用他于探索途中收集的食材进行烹饪。这些食材包括肉类、蔬菜、水果，甚至还有香草、盐，和一种看起来像是咖喱的混合香料。添加岩盐到食物，可以提升其价值，以及改变食物的构成，增加不同的功效。（林克采集盐的山中一定有大量与赋予喜玛拉雅盐漂亮颜色同种的矿物质，因为他的盐可以用来把衣服染成粉色。）

虚构的人物，无论身处的地方与年代如何，都懂得盐的价值和

---

① 宾客权利的概念不是幻想世界的产物，而是可以追溯到古希腊的 Xenia，即给予客人的友谊。

必要性。盐遍布整个流行文化，有时代表重要的东西，如《权力的游戏》中的宾客权利和背叛的后果，有时只是一笔带过。早在乔治·R. R. 马丁的红色婚礼带来的震惊之前，J. R. R. 托尔金用盐来作为家庭温馨简单快乐的象征，一如一餐肉和盐之于思乡的霍比特人。山姆怀斯·甘姆齐是对的："你永远都不知道什么时候会需要盐，所以最好把它放在手边，为意外之旅做好准备。"

番红花

从某种角度说，番红花是盐的对立面。盐便宜，番红花是世上最昂贵的香料；盐遍布世界，番红花只生长在全球少数几个地方；盐不生长，只是待在原地，等着被开采，番红花是大量劳作的成果，从栽种种球到收获花的柱头，再到把柱头干燥成熟悉的深红色丝线。

祖父想把他的家乡，威斯康星州的沃瓦托萨市变成"世界番红花之都"。从我四岁到快十岁那些年的每个春天，我们都会制作番红花种植套组，并把它送到邻居手中或放进邮箱。① 这些套组中包含几个（昂贵的）番红花种球和手写的说明书，按照祖父的要求叠好。我们也会在香料屋和祖父母家附近种植自己的番红花种球。有次，我和兄弟姐妹们正在祖父母家挖土，祖母给我们拍了一张照片，照片里面我们的头上有奇妙的光圈。后来，祖父把原因写了下来，解释了快门速度和折射，尽管他还提到了古老的爱尔兰传说。

---

① 执行此项任务期间，我们了解到，除了邮递员，任何其他人把物品放入邮箱都是非法的。据我所知，我们从来没有成为受许可人员。

传说认为，世界上的人分为两类：有些被妖精拜访过，有些没有。

这张我们种植番红花的照片很有特点，但对于三个成长氛围被各种香料灌注了神奇与神秘的孩子来说，它并没有那么非比寻常。香料屋有它自己的炼金术，每当我们撤到它深处时就会施展。顾客们让店铺前面热闹又欢快。老式的香料罐在墙边排好，我们用天平按要求称量香料。店铺后面比较随意，是祖父由浅入深培养我们的工程（在巨大的金属碗里混合制备新香料）和兴趣（乔治·葛吉夫的神秘作品）。作为一个小店铺，它似乎容得下全世界：粗麻布袋上印着的外国海港名字，闪闪发亮，来自世界各地标有公制单位的罐头。台面和书架上摆满了书，厚厚的书脊和有浮雕的皮质封面，是食物的魔法书或是《讲不完的故事》那样的神奇传说。香料屋就如同祖父母有形的体现，是做生意的场所，也是他们两个人探索兴趣的地方，爱好和工作没有什么分别。我们在大堆肉桂糖旁边读着祖父最喜欢的诗歌，手上忙着给香料装瓶，嘴上讨论着我们还不能理解的哲学文字。

我们没有把沃瓦托萨变成任何地方的番红花之都。那些老房子的主人看起来更喜欢在自家的大块方形草坪上种植鲜艳惹眼的花，而番红花就显得普通了。虽然我认为完全在威斯康星的气候（夏天足够温暖，但是漫长的冬季过于寒冷）下种植番红花是愚蠢的，但是我错了。番红花是为数不多的，不是在炎热地区起源的香料之一。它可以在——其实已经在——美国种植。只不过不是我们。

我觉得祖父是想把他的家乡带到番红花种球传播的历史中。这个故事起源于数千年前的新月沃土，之后席卷地中海周边，最后在奥地利、英格兰等地发芽。如今，我也读了那些祖父在当年读过的，关于香料历史的书。我的好奇心让我问自己，他是否想把沃瓦托萨连接到番红花的时间线上，以及到某一天，他的工程会被记录到另一些书写香料历史的书中。

花

番红花是唯一以花的柱头制作的香料，让它在植物中独一无二的，是它奇特的香气。番红花，鸢尾科番红花属，以超长的柱头和大花瓣为特征。和郁金香一样，番红花也是从鳞茎（也称种球、球根）开始种植。番红花漂亮的紫色花朵虽然和其他同属品种的花朵看起来相似，但仔细观察内部，你会发现三根鲜红色柱头。柱头是植物雌性器官的一部分，尽管对于番红花，这个性器官是不能生育的，番红花通过鳞茎繁衍。

像葡萄酒一样，水土对番红花的质量有巨大的影响。土壤和灌溉，以及收获和干燥的过程，都会影响柱头的味道和强度。这三根柱头必须在开花期间很窄的窗口期内收获，每年仅有一周到十五天的时间。一旦开花，采集者就会把花摘下来铺到桌上，在这里更容易找出柱头。

采摘是一项艰苦的工作，它提高了香料的价格。制作一磅番红花香料大约需要 210,000 到 225,000 根柱头。番红花按克销售，制作一克香料大约需要 180 朵花。[①] 采摘后，柱头会被放到阳光下或低温烘干设备中干燥。在这个过程中，番红花会失去 80% 的重量，变脆变细。干燥后的柱头被称为线或者丝。干燥后的番红花应立即储存在密封容器中，避免空气和阳光使其风味和颜色退化。

花柱连接着柱头和花的内部。在采集柱头的时候，通常花柱也会被一起采下。番红花的花柱是淡黄色或白色的，这给了我们一个很方便的方法来辨别番红花的品质。能看到的花柱越多——

---

① 《番红花基础指南》(*The Essential Saffron Companion*)，39 页。

番红花的花

除了番红花丝标志性红色之外的一切东西——香料的效果就越差，因为黄色的花柱没有红色柱头的香气和色彩物质。

和其他大多数香料一样，番红花应在生产后尽快使用。通常来说，番红花放在密封容器及干燥处可以保存至少五年，但在此后可能会丧失效力。大多数其他香料的保存时间越长，颜色就会变得越淡，但番红花的颜色会变深，深红色的线会变成亮棕色。这样的番红花会失去香气，甚至闻起来糟糕。当颜色和香气都很正的时候，当然就很好用。我听说，有番红花保存十年还好好的事情，如果这是真的，那就引出一个问题：究竟为什么要把尚好的番红花保存十年而不使用呢？

一点点大作用

番红花非常昂贵，不过很幸运，烹饪时用量很小。番红花常用于大米、咖喱、面包，以及烘焙食品中。当颜色还是深红时，番红花会为食物注入鲜艳的金色，增味同时增色。一小撮放到普通大米中，大米就会变成勾人食欲的金色。放到咖喱中，会加深辣味，以及加重咖喱原本的颜色。

在香料屋，祖父会随着售出的番红花罐子附送一枚一美分硬币，还有一个古老的测量规则：盖住硬币的一厚层就是做菜用的四份番红花，如番红花饭。据说这个规则来自英国，用的是六便士硬币。不管起源如何，对于那些对度量有强迫，会被硬币测量弄抓狂的人，

足够大多数菜品的番红花用量

祖父会说相当于大约三十三根番红花——他认为三是神圣的数字，因为他有三个孙辈。[1]

番红花战争

如果历史是胜者书写的，那番红花就是番红花战争的真正赢家。因为我们这些人类似乎总是对戏剧性情有独钟，所以刚才说的番红花战争，其实就是十五世纪一些极度腐败的贵族与被偷了番红花的人之间漫长的嘴仗。故事始于大瘟疫，疾病吞噬了太多人，剩下的工人发现自己的数量变得如此之少，这意味着他们和贵族大佬讨价还价的本钱一下就变多了。新的人口结构颠覆了很多地方的传统权力结构，独立城市巴尔（现今的瑞士巴塞尔）就是其

---

[1] 这个数字对于混合香料也很关键，要搅拌三百三十三下。

中之一。当地贵族们担心自己对农奴脆弱的控制，决定将他们的城镇议会合并在一起，希望通过当地法律的渠道重振自身的地位。

　　计划并不顺利，对巴尔政府管理的新尝试，把附近有钱有权的人和贫穷的农奴双双惹怒。为他们日渐衰弱的权力主动出手，贵族们偷走了一批路过他们领地的货物。货物的价值非常之高：八百磅番红花。故事到了这里就变得模糊，我们不清楚他们是计划劫持番红花，直到他们要求的赎金兑现，或者他们只是通过这场可怜的行动，在无法掌控局面的时候，贪得无厌地宣称自己的优势。贵族们扣押了番红花十四周，直到巴尔的主教把奥地利的利奥波德牵扯进来，番红花战争才宣告结束。贵族们将番红花归还给商人，而主教，出于某些原因，被迫支付了贵族们保存番红花十四周的开销。

番红花的种类

西班牙剪选番红花（Spanish coupé saffron）：在这种番红花中，黄色或白色的花柱会被剪掉，因此只能看到深红色的番红花丝。这是西班牙番红花中风味最强烈也是最贵的一种，考虑到西班牙被认为是出产最优秀番红花的国家，因此西班牙的顶级番红花就是世界上最棒的番红花。因为需求量大，西班牙剪选番红花并不是随时能够买到。含有 100% 的红色柱头。

上选番红花（superior saffron）：通常以 90/10 做标签，意思是这种番红花包含 90% 的柱头和 10% 的黄色花柱。因此，它没有剪选番红花味道强烈，但就其较低的价格来说，仍然是相当不错的选择。

低质量的西班牙番红花：当你看到番红花标签上印着西班牙文，还没有剪选或者上选字样，可能会找到 80/20 标志，意思是含有 80% 真正的番红花丝，20% 的花柱或其他番红花副产品，比如花瓣。我建议避免使用这种较低质量的产品，除非你需要大量使用，购买更好产品的开销实在巨大。

拉曼恰番红花（La Mancha saffron）：和香槟一样，拉曼恰番红花是受原产地命名保护（protected designation of origin）的产品，这意味着只有来自西班牙中部拉曼恰地区的番红花才能贴上拉曼恰番红花的标签。这个名字不代表特别的等级，因此还是会附带一个百分比标记，如 100 或 90/10。

克什米尔番红花（Kashmir saffron）：这种番红花生长在克什米尔河谷，通常与西班牙剪选番红花处于同一等级，也是纯番红花。把克什米尔番红花和西班牙剪选番红花放在一起比较，能看到克什米尔番红花稍粗，柱头也更长。

伊朗番红花（Iranian saffron）：伊朗番红花是世界上质量最高的番红花之一。有些人推测番红花起源于伊朗，但是我们还不能确定。不幸的是，由于对伊朗商品的禁令，在美国买不到伊朗番红花。我没有尝试过伊朗番红花，虽然我在图片中看到过它们像小麦捆一样被扎起来。

"墨西哥""美国"或其他番红花：有时会以金盏花或其他黄红色的植物冒充番红花，明目张胆地敲诈那些容易上当的游客，或者充当毫无替代作用的廉价替代品。遇到便宜的番红花记得掐自己一把，因为没有这种东西。

杂种番红花

当冒牌的番红花被拿来出售时，可能假以墨西哥番红花或者美国番红花的名字，不过这些冒牌货又被称为杂种番红花①（旨在侮辱假番红花和作假者）。这种香料奇妙的风味和惊人的价格使其极为有利可图，这让胆大的骗子们往番红花里掺假，或者干脆制造假货，来获取丰厚利润。母亲告诉我，番红花粉这种东西本身就是可疑的，制作者并不会告诉你它是用什么做成的。如果仔细检查，不难辨别番红花丝的真伪，但番红花粉不同，里面可能掺杂了别的东西，或者全部只是一般的姜黄。

尽管今日杂种番红花不再是需要关注的事情（至少如果你是在有信誉的商店购买香料），但在中世纪的欧洲，假冒和掺假的番红花却是真正的问题。在那些日子里，番红花不仅仅被当作美味的香料，而且还被认为是有效的药物。所以，顾客们花出去的巨额开销就是双倍重要。毫无意外，番红花是欧洲最早受到监管的食品之一。

中世纪纽伦堡的官员们有个难题。他们的城市已经发展成德国

---

① 杂种是假香料的常见叫法。例如，杂种豆蔻，而桂皮有时也被称为杂种肉桂，依此看并非所有的杂种都是不好的。

文艺复兴的中心以及贸易的枢纽。过去几个世纪，纽伦堡成为了
神圣罗马帝国的非正式首都，立法机构定期在此召开会议。它被
授予帝国头衔，这意味着它拥有自己的海关政策，受帝国的监督，
而不受通常监管地区贸易的皇室成员限制。到十五世纪，纽伦堡
已经成为意大利至北欧商路上的两个重要贸易站之一。"Nürnberger
Tand geht durch alle Land"（纽伦堡商品遍及各国）这句话就是这
座城市贸易力量的证明。业务繁荣，前景乐观。

　　但是，繁荣的城市到处都有骗子。毫无疑问，纽伦堡市场区的
贸易摊位上上演了很多骗局，但番红花却是一个特例。它来自遥
远的地方，漂洋过海进入意大利，然后蜿蜒穿过阿尔卑斯山，到
达纽伦堡之前就已经过无数中间商。[①] 打开始就是昂贵的商品，再
经过这么多手，价格就非常夸张了。想着一本万利的无良商人和
贪心市民很容易就看到了番红花带来的机会。掺些红色的东西到
番红花里，比如肉干的丝，就是双份分量，双份收入。或者，把
一眼看上去像是番红花的碎花瓣掺进去，让毫无价值的花变成大
把票子。[②] 问题一定是大到了让纽伦堡官员不能再袖手旁观，才让
他们下了如此重手。

　　纽伦堡番红花检查委员会（Safranschau）成立于 1358 年，因
其番红花规章的可怕程度而载入历史，流传至今。在委员会监督下，

---

① 番红花来自世界各地：在任何一天，"这个城市的市场上至少有七个不同品种
的进口番红花在出售。"（《番红花的秘密》[*Secrets of Saffron*]，102 页。）
② 冒充番红花的东西包括红花（safflower）、切碎的金盏花花瓣，以及山金车。
用于增加重量的有牛肉干的丝、草和玉米穗。（《番红花基础指南》，33 页）

管理机构对番红花掺假和冒充进行了检查。纽伦堡还有类似的其他中世纪监管机构。例如，商贩被发现出售坏肉，就会被踢出商会一年。[①] 不过，这个惩罚力度比起番红花造假可是小巫见大巫了。

乔布斯特·芬德克（Jobst Findeker）在 1444 年被发现给番红花掺假而接受惩罚，被焚死在火刑柱上。他的"番红花"被和他一起烧掉，这可能是做给其他造假者看的。十二年后，埃尔丝·法格涅林（Elss Pfagnerin）被惩罚活埋，她的掺假番红花被和她一起埋了。更多那些和委员会的力量对着来的例子已经迷失在历史中，但是仅仅烧死和活埋就足以将恐惧刺入纽伦堡想要赚快钱的人心里。

番红花检查委员会比著名的德国《啤酒纯酿法》（Reinheitsgebot）早了 158 年。对于违反了《啤酒纯酿法》水、啤酒花和大麦规则的惩罚，仅仅是没收不纯的啤酒。不过《啤酒纯酿法》经受住了时间的考验，谢天谢地，番红花检查委员会已经没了。讽刺的是，其中部分原因是哥伦布和他的同伴对香料的追求使纽伦堡失去权势。多亏了新世界和非洲航线的发现，十六世纪强盛一时的神圣罗马帝国衰落，纽伦堡的好运也随之而去。

但是，香料骗局一直延续到了二十世纪。吉布斯（W. M. Gibbs）的权威指南《香料及认识方法》（*Spices and How to Know Them*）（1909 年来最受推崇的家庭参考书）开卷就为有良心的香料商人连

---

① 白兰地、药品、糖浆、蛇麻、玫瑰、烟草、铁、肉、咸鱼、蜂蜜和皮革都是经过检查的商品，以确保每个购买者都能得到真货。（《食品：消费与分析》［*Foods: Their Consumption and Analysis*］，13 页。）

篇申诉。"香料制造商不应该是造假贩子！"吉布斯宣称，"那些制造和售卖掺假或污染香料的人，应该和制造伪币和假钞的罪犯同罪，因为他们都是通过非法手段来获取财富。"①

　　虽然造假者不会再和假货一起被送上火堆，当今的权贵也以更审慎的方式，而不是从香料商人手中偷窃，来维护自己的权力，但番红花造假依然存在，几乎是一个比许多已经消失的骗术还要悠久的传统了。我还是有听到假番红花的抱怨，大多是来自外出旅游的人，也许是乐观的态度使然或者是考虑到汇率，他们发现番红花远比在家乡要便宜。每个类似的故事都以人们发现自己被骗而收尾。

红木籽 / Annatto
. . . .

　　红木籽被用作番红花的替代品，一定程度上它可以替代这种独特的香料。可怜的红木籽能够做的就是复制番红花美好的黄色，而地球上没有别的东西可以复制番红花的味道。在红木生长的拉丁美洲，它经常被用于为米饭和炖菜上色，味道略带刺激。通过油浸，可以使红木籽的外皮溶解，也就是它的颜色所在。因此，如果手上的是整个的红木籽，应考虑做一定的处理。

---

① 吉布斯在这一话题上的热情持续了相当长一段时间。

完整的红木籽

此时，在英格兰

英语里用于描述冒充番红花的花或植物的老名字也是花样繁多，包括 dyer's thistle（染色蓟）、gold tuft（金禾穗）、saffron thistle（番红蓟），以及前面提到的杂种番红花。[①] 胡椒行会是杂货公司的前身，于1180年在伦敦成立，不只胡椒，还监管番红花、姜、肉桂、豆蔻肉和丁香。不仅监督成批运往伦敦的香料的纯度和质量，行会还担心更多的问题。番红花的浪费（毕竟番红花除了用于调味还是一种药品）使行会发表了严肃的禁令，禁止"将番红花用

---

① 《番红花基础指南》（*The Essential Saffron Companion*），32页。

于涂油和沐浴"。①

在英国涉足生产番红花的那段时间，番红花的丰足让泡番红花浴显得不再是那么纯粹的浪费。这开始于一个带有神话色彩的故事，某个来自切平沃尔登的人把几个番红花种球藏在了一个挖空的手杖头里，从遥远的国度偷偷带回了英国。番红花的生产者严格地看管着它们，这是真的，但是关于机智的旅行者和他的手杖的故事，显得过于工整而太过于真实。②

不论这个故事是不是编造的，番红花的种植从十四世纪开始在切平沃尔登兴盛了大约四百年。到 1514 年，番红花的种植进展非常顺利，以至于亨利八世批准了一项特许状，将该镇的名称从切平沃尔登（Chypping Walden，薯条沃尔登）改成了赛弗伦沃尔登（Saffron Walden，番红花沃尔登）。在城镇的鼎盛时期，它是西欧其他地区的主要番红花供应商。至少在英国，番红花主要用于染色，它满足了纺织业制造浓艳金色羊毛和其他织物的口味，但这是一种花费昂贵的做法。到十八世纪后期，赛弗伦沃尔登的番红花供应量逐渐减少，最后消失，因为对番红花的需求已经枯

---

① 这则禁令公告于 1316 年（《番红花基础指南》，21 页）。我尝试过一次番红花浴，对自己浪费番红花非常内疚。短暂的一瞬，我感到了当年那些英国人一定所感受到的奢靡。感觉很快就消失了，番红花难受地贴在我的皮肤上，洗澡水渐渐变成暗淡的黄色。最后，价值几美元的美味香料就被冲入了下水道。

② 这个故事和瑞士上瓦莱的市镇蒙德的故事很相似，这个市镇也曾种植过番红花。据说他们的番红花来自十七世纪的一名士兵，这名士兵从西班牙返回时，在假发里藏了几个番红花种球。

竭。时至今日，赛弗伦沃尔登的纹章上依然保留着番红花的图案
以及那份遗产，它让我们想起，有些时候香料会从香料之路逆流
而来。

香草

　　纤细的花柱作为世上最昂贵的香料，仅凭外观就让人们对番红花生产中的繁重劳作有所想象。世界上第二贵的香料在劳作的繁重方面也是有力的竞争者，虽然仅看其外观可能并不明显。烘焙者心爱的香草是耐心细致的培育、收获、提取工作的成果。制作香草是一个艰巨且漫长的工程。番红花必须在几天的时间之内收获，并在另外几天内完成干燥，而制作真正的香草提取物需要数年时间。伪造番红花的日子已经成为过去（但愿如此），但对于香草来说，如今是冒牌和次品比真货更常见的时代。

　　作为植物的香草是兰科的一员，也是其中唯一一种果实可以食用的。香草是一种像葡萄一样攀缘生长的植物的豆子或种荚。[①] 种荚在黄色还未成熟时收获。经过干燥加工之后，香草荚就变成了我们熟悉的暗棕色。要生产高质量的香草，首先要让种荚在密闭容器内"出汗"，这是一个促使发酵的过程，使香草荚具有独特风

---

① 香草没有精油，所以那些以此进行分类的人通常不认为香草是一种香料。

味的香草晶体就在这一过程中形成。接下来的数月时间里，它们每天都会在阳光下晾晒一到两个小时，直到彻底干燥。每到晚上，香草荚又会装箱冷却。如果所有步骤都正确，这个过程大约需要两到三个月。这个干燥和装箱的循环会使香草荚内发生酶促反应，从而增强香草风味。在此之后，香草荚还会再陈化四至九个月。最后，它们终于变成平时在商店中见到的样子，坚硬、纤细的棕色香草荚。不过,许多客人（尤其是在美国）更喜欢使用香草提取物，这需要对香草进行进一步加工，然后像苏格兰威士忌一样将提取物放置，使其成熟。

就像优质的陈年苏格兰威士忌一样，香草令人陶醉的温暖香气在全世界都广受喜爱。它与烘焙食品的共生关系来自其最普遍也广为人知的用途。使用香草来提升饼干和蛋糕的味道，效果之神奇如同炼金术，让它如此必不可少。香草带来独特而复杂的甜味，又无须加糖，为平凡的面团增色，同时加深其风味。香草的用途不仅限于传统的烘焙领域，它也是巧克力和其他糖果、冰淇淋（不只是香草和法国香草口味）、焦糖的重要但并不为人所知的组成部分。它是热巧克力的秘密配料，也是奶昔和蛋白质奶昔中飘出的香气。如同盐可以增强所有食物的味道，香草增强甜食的味道。

新大陆的香料

当今香草在全世界的广泛流行，可以说是一个奇迹，这个故事开始于在现今墨西哥的托托纳克人。他们最早发现，播种这些成熟时看起来像加长版豆角的香草荚，收获后使其干燥并稍微发酵，便能得到可口的香气和味道。阿兹特克人征服了托托纳克人，得到了他们获取香草的早期方法，并爱上了将 *tlīlxochitl*（阿兹特克文的香草）与可可一同享用，也就是世界上最早的 *chocolatl*（热巧克力）。

然后，轮到阿兹特克人把香草介绍给西班牙征服者们，其中就有埃尔南·科尔特斯（Hernán Cortés）。虽然香草此前已被带入欧洲，但更多是用作制造香水，科尔特斯被认为是首先把香草用于调味的人。科尔特斯和从西班牙过来的人对这种新鲜的热巧克力饮料颇为满意，是他们将 *tlīlxochitl* 都重新命名为 *vainilla*，即 *vaina*（西班牙文的剑鞘）的词缀形式，可能来自香草叶子和种荚的剑鞘形状。[①]

当然，*vaina* 和 *vainilla* 都是来自拉丁文 *vāgīnae*，意思是 sheath（刀、剑的鞘）、scabbard（剑鞘或套）或 pod（荚）[②]，从这里我们也得到了 vagina（阴道）一词。或者他们是通过花来决定的这个名字，香草的花很像兰花，兰花又多少有些像女性的生殖器官。最后，欧洲的其他语言接受了 *vainilla* 一词，但是进行了一些改动，比如英语去掉了其中一个字母 i，留下了 vanilla。

---

① 美国国家地理的《食物》（*Edible*）一书认为 "sheath" 这个名字来自豆子的外观。

② 1955 年，美国香草协会的小册子《纯香草的故事》（*The Story of Pure Vanilla*）中写道："来自西班牙的人将这种豆子命名为 *vainilla*，意思是小豆荚或小剑鞘。"

在欧洲，香草与其他香料一起被纳入医学实践，像许多其他香料一样，被认为是一种催情剂（还是兴奋剂和解毒剂）。[①] 法国哲学家德尼·狄德罗（Denis Diderot）写到了香草的刺激性特质，警告道："它赋予巧克力令人愉悦的气味和加重的味道，使其备受欢迎，但长期经验告诉我们，它太过火热，所以饮用其的频率降低了，而那些倾向于照看自己的健康而不是取悦感官的人更是将其完全戒除。"[②] 香草对于一些人来说……太刺激了。

是香草，不是香草

让人出乎意料的是，一种可能因其形似女性器官而得名的香料，它的名字逐渐成了无聊、拙劣、乏味和保守的另一种说法。这不公平。这个情况的起源可能是香草口味的冰淇淋，它们被其他更奇特的口味所掩盖，比如碎石路（rocky road）或全果（tutti-frutti）[③]。因为香草口味一直都在，它是个无聊的选择，就好像持续供应不是那个完全相反的意思：每个地方的每个人都爱香草口味，不过花生碎和棉花糖口味是小众时尚，稍纵即逝。因此，香草，美丽、复杂、奇妙的香草成了单调和乏味的另一种黑话。在小时候离家

---

① 《香料之书》（*The Book of Spices*），435 页。

② 《巧克力的真实历史》（*The True History of Chocolate*），223 页。

③ 碎石路是添加扁桃仁碎的巧克力口味冰淇淋；tutti-frutti 是意大利语，但不是意大利冰淇淋，是添加水果干碎的冰淇淋，有多种做法。——译者注

不远的一个小食品柜台，我的标准冰淇淋是一勺香草味放在华夫筒上，但是每次我点了它，我都会感到一阵阵奇怪的羞耻，来自这种过于普通的东西。

再说说巧克力。为什么烘托香草和反对香草的东西反而被认为更有趣、更冒险呢？如果巧克力爱好者们都清楚他们所喜爱的口味只可能来自香草的话。两种口味根本不应该彼此对立！巧克力同样来自阿兹特克人，他们烘烤可可树的种子，然后将其磨碎饮用，这就是当代热巧克力的前身。他们用香草使苦味的饮料变甜[1]，使两种口味开始了长久的关系，彼此结合。

如今，香草在白巧克力中起着至关重要的作用。在这种只有可可脂、糖和奶粉的混合物中，香草显著提升其风味。[2] 如果没有香草，这些成分就会像它们的名字听着那样平淡无奇。香草也被用于增强牛奶巧克力的风味，尽管程度比前者略低。在过去的一些年，当香草价格低廉时，它被大量添加到批量生产的巧克力中，以缓解批次间口味的不一致，还被用于掩盖劣质可可豆的不良风味。[3]但目前香草太贵了，不能再这样使用了。

---

[1] 《美洲印第安人对世界的贡献百科全书》(*Encyclopedia of American Indian Contributions to the World*)，290 页。

[2] 《巧克力的真实历史》，108 页。

[3] 《巧克力的真实历史》，108 页。

香草的性之谜

小弗里德里希·罗森加滕（Frederic Rosengarten Jr.）在他的《香料之书》（*Book of Spices*）中一丝不苟、毫不掩饰地向读者描述了香草的雄性和雌性部分，都没有提它的名字是怎么来的，就这么眼睁睁地写道："有必要进行人工授粉，因为在雄性和雌性器官间有一个肉质的唇，或蕊喙。工人用细竹签提起蕊喙，然后用左手拇指将花粉从花药（雄性器官）抹到柱头（雌性器官）上。"① 嘿，弗雷德，让你的书轻松一点儿。

上面这些肉质的谈话是必要的，因为自从人们尝试在香草的原产地墨西哥之外种植香草，其性形式就是种植者的关注点。对于一种借生殖器官作为名字的植物，香草的大部分历史就是它如何繁殖的故事，以及它花了多长时间才让人类整明白的故事。在科尔特斯将香草引入欧洲的一百多年后，法国人在不断尝试自己种植香草和失败。香草在法国烹饪中非常受欢迎，那些日子，他们惊人的烹饪才华聚焦了在油酥点心上。于是，进取的法国人在当时是其殖民地的波旁岛（现今的留尼汪岛）上建立了种植园。

这些人成功地将植物从墨西哥运出，将其种植到岛屿肥沃的土壤中，植物不可思议地在此扎根。植物开花了，但是缺少了整个行动的关键部分：种荚，也就是香草豆。想象一下，一个不结果

---

① 《香料之书》，430 页。

的漂亮种植园是多么令人沮丧。其他尝试，包括在印度尼西亚爪哇岛的尝试，都没有成功。香草能够长出种荚的地方就只有墨西哥，它就在同样的地方一直长出来。因此，直到十九世纪中叶这个秘密被破解，墨西哥特托纳克地区一直出产着全世界所有的香草。

秘密是蜂。昆虫在我们食物链中的作用近来已广为人知，因为它们的消失曾造成过灾难性的后果。比利时的一位植物学家查尔斯·莫伦（Charles Morren）最终发现，香草，兰科的一种，只能被墨西哥本土的特定蜂类授粉。[①] 1836 年他发现这一秘密之后，将蜂类授粉改成一种人工授粉方法，终于，人们可以在其他地方种植香草了。然而，种植起来依然非常困难，因为香草的花只开放不到 24 个小时。

到了 1841 年，12 岁的埃德蒙·阿尔布留斯（Edmond Albrius），被释奴或被释奴的儿子（历史文献对他的这两种身份都有描述），发明了一种更高效的香草人工授粉方法。埃德蒙在一根细竹签一端削出尖头，然后将尖头插入花药中，再把花粉转移到开放的花朵。依据罗森加滕："用一根小竹签的尖端，他收集到黏性的花粉团，然后撬开帘状的蕊喙探入花中，他将雄性花粉团压入，以接触黏性的雌性柱头。"[②]

阿尔布留斯的方法依然是今日的基础方法，印度洋地区成为香草的最主要生产地，这要归功于他。虽然岛的名称已经变更，但因

---

① 尽管尚未经过确认，当地的蜂鸟也有可能为香草授粉。

② 《香料之书》，428-429 页。

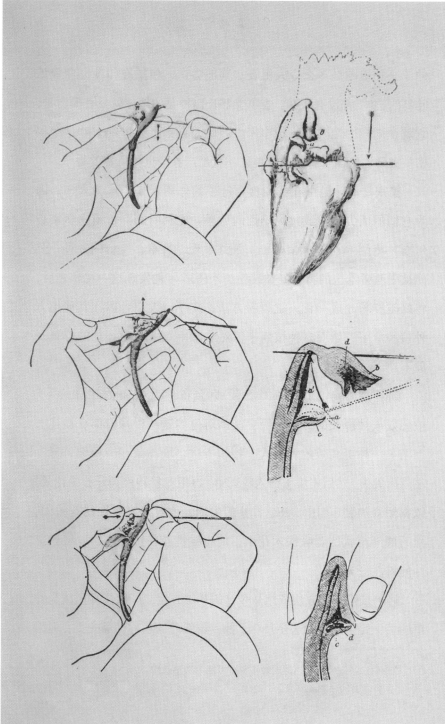

为培育香草的方法诞生于该岛，出产于此地区的香草依旧会加上波旁的标签。最初，产自波旁和马达加斯加两个岛的香草都被称为波旁香草，同样的香草如今更多地被称为马达加斯加香草，但是旧名字依然存在。它与美国威士忌没有任何关系[①]，一切都与法国人对培育自己所热爱的味道的持久努力有关。

香草提取物

最后一点香草和女性结构的关系，由美国香草协会贡献。在他们 1955 年的贸易手册中，描述了典型现代提取制造方法，简单说就是渗流：切碎的香草豆被浸入酒精溶剂然后滤出，如此反复多次。小册子接着写道："为了从天然细胞中提取香草，显然必须将磨碎的豆子与某种能够溶解其芳香物质的液体接触。这种液体被称为溶剂（solvent）或者溶媒（menstruum）。有多种可能的溶剂，但稀释乙醇是被美国农业部指定的调味品提取溶剂。"到我解释了。根据梅里亚姆—韦伯斯特词典，menstruum 是"中世纪拉丁文，字面意思是 menses（月的复数形式），是拉丁文 menstrua（每月）的变形"。这个字面意思当然就是经血了。阅读美国香草协会生硬且浮夸的文字不是易事，但它却值得仔细对待。

---

① 波旁威士忌也被认为是起源于法国王朝，尽管其中的联系尚未明确。一位波旁威士忌历史学家认为，它的名字来自其首次销售的地方，新奥尔良的波旁街（所以命名者是法国工程师艾德里安·德·普吉，为了向波旁家族致敬，还能有谁呢）。（Smithsonian.com）

　　不过，还有更多比化学字面意思更重要的东西。根据美国法律，按体积计算，提取物必须含有至少 35% 的酒精，还有关于香草豆与液体的比例以及香草豆中水的重量的进一步规定，符合这些法规才算是标准的纯提取物。因此，这种独一无二的香料就因为其两种截然不同的制品形式而具有了奇特的双重性。香草豆（在真正的香草冰淇淋中看到的小黑粒），可以添加到糖中或者磨粉，不过香草提取物才是主要使用的形式。还有不太常见的第三种形式，香草糊，简单说就是将前两种混合到一起，由香草豆、香草提取物和增稠剂（如黄原胶）制成。

　　我不能是唯一那个小时候认为香草提取物闻起来很好，喝起来肯定更好的傻孩子。不过，排山倒海而来的只是酒精的灼热感。理论上，香草提取物中的可能是任何一种酒精。批量生产、商业销售的香草提取物使用高酒度的酒精（通常为 190 酒度）[1]，如此高的酒精含量，其中自然也就没有别的风味。（作为比较，威士忌通常是 90 酒度，大约一半是酒精一半是其他风味成分和水。）

　　很难说香草提取物中使用了哪种酒精，因为标签上没有说明，唯一标出的是其高酒精浓度，只有这样才能达到 35% 的要求。不过，更高品质的香草提取物使用的很可能是玉米酒精，因为来自其他

---

[1]　标准酒度（alcoholic proof）十六世纪起源于英国，当时的酒根据酒精浓度高低有不同的税率。税务官的测量方法是将黑火药浸入酒中进行"燃烧或不燃烧"的测试，取出后若还能点燃，就称超标（above proof），酒具有高酒精浓度，应课重税。黑火药燃烧与不燃烧的临界点是酒精浓度 57.15%，后来这个浓度就被定义为 100 标准酒度。美国的标准酒度系统与英国略有不同，100 标准酒度表示酒精浓度 50%。——译者注

谷物的酒精有为乳糜泻患者带来不良反应的风险。纯香草提取物
中含有的其他成分仅有香草本身、少量的糖，还有水。不过，如
果你在家自己制作香草提取物，可以选择家里有的任何一种，或
者用你的爱酒，制作美味的香草提取物兼利口酒。

　　标准的香草提取物是一倍强度的，当然也可以选用更强力的双
倍强度（double-strength）版。这次，名字是其变化的直接解释：
双倍强度是一倍强度的两倍。具体来说，双倍强度的提取物每加
仑用掉 200 个香草荚，一倍强度用掉 100 个。[①] 双倍有时也被称为
双重（twofold）或特级浓度（extra rich）提取物。尽管双倍强度
的香草提取物更贵，但你知道它的强度也是双倍的，可以按要求
用量的一半来添加。不过，不少人（包括我自己）选择仍然添加
相同的量，追求更多的美妙香草风味。

---

① 换成质量是 26.7 盎司和 13.35 盎司，约合 757 克和 378.5 克，用在约 3.79 升
　 的溶剂中。——译者注

在家制作香草提取物

在家制作香草提取物

· · · ·

使用伏特加。它不会为香草带入额外的风味，而白兰地、金酒和朗姆酒会依据自身的风味给提取物增色（如果这正是你想要的，或者你只想要香草提取物，伏特加是最好的选择）。你需要往一杯（8 液体盎司，约合237 毫升）酒精中加 6 个香草荚。

使用一个新的（读作：锋利的）剃须刀片，用一只手按住香草荚，然后另一只手小心地在香草荚中间慢慢划开一道口。（使用锋利的刀也可以，但剃须刀片更容易操作。）将切开的香草荚和酒精放入罐子，如果需要，可以把香草荚切成两段。摇一摇。

把罐子放在凉爽、避光的地方，让它静静陈化。偶尔，去打破它的平静，每三天或者每周两次摇一摇罐子。八周后，你就有了一罐像样的香草提取物。等待的时间更长，味道就会变得更好。

变甜的方法

香草提取物含有大量的酒精，但酒精在烘焙过程中会挥发掉。通常在未烘烤的食物，如掼奶油中使用少量的香草提取物是可以的，因为使用量少，所以酒精并不明显。我建议只用 ½ 茶匙的香草提取物和1½茶匙的糖粉使½杯掼奶油变甜，使用搅拌机搅打，当然如果你有一个小时的空闲时间，也可以手动搅拌。

不过大体来说，如果想把香草味道加到不会进烤箱的食物中，你需要香草豆、香草粉或者香草糊，以避免添加太多酒精。香草荚和茶叶有点像：它们都可以重复使用几次，每次使用后风味都变弱。如果香草荚被用于液体，用后可以将其取出，干燥后保存起来，以备后用。香草荚可以浸于酱汁或牛奶为基础的冰淇淋和蛋奶沙司。

还有一个把香草填进食谱的简单方法，使用香草糖。你需要提前准备，在一罐糖中加入香草荚，然后静置数月。一个香草荚足以处理两磅糖，只需将香草荚纵向一切两半，再切成一英寸①的小段（或者四分之一英寸的小段，以增强风味）。两周后取出罐子里的糖和香草荚，过筛并充分混合，然后再重新放回有盖的容器中。香草的味道会渗透到糖中，成为各种食谱中的无酒精、无色香草风味。用香草给糖调味，可以在糖用掉之后再重新添加几次，而无须换新的香草荚。

在烘焙食谱中，两茶匙香草糖等同于一茶匙一倍强度的香草提取物。含有35%酒精的瓶装香草提取物可以保存很长时间（按祖父母的说法是五年）。前提是你没把瓶子弄丢，对我来说不容易。

————————————

① 　1英寸等于2.54厘米。

香草的种类

马达加斯加香草（Madagascar vanilla）：马达加斯加香草就是经典香草。它丰富而厚重。如果你在信誉良好的商店，看到香草提取物上只标有香草，那它很可能就是马达加斯加香草。马达加斯加香草是我个人的最爱、必备也是全天候香草。马达加斯加香草荚很容易划开，既不会过于干燥（如墨西哥香草），也不会太湿软（如塔希提香草）。马达加斯加香草荚通常是最长的，可以超过 8 英寸。有时也被称为波旁香草或波旁 - 马达加斯加香草，名字来自留尼汪岛（马达加斯加岛的邻居，两座岛都出产香草）殖民时期统治法国的王室家族。

墨西哥香草（Mexican vanilla）或帕潘特拉香草（Papantla vanilla）：墨西哥香草和马达加斯加香草一样好，尽管味道更深沉，更具果香和烟熏味。这些豆荚的干燥时间比马达加斯加的更长，这使香草荚变得更薄，甚至可以说是变脆。这种干燥处理，是另一种"杀死"香草荚的方法。所有的香草荚都是在它们从黄变绿时从藤上摘下的。在马达加斯加岛，人们将香草荚浸入热水来防止它们进一步成熟；而在墨西哥，人们使用正午的太阳。因此，马达加斯加香草荚更柔韧，墨西哥的更干更细。有时，会用"皱巴"来形容墨西哥香草的品质，但我认为这是一种对墨西哥产品的不公平的偏见。

墨西哥香草提取物：墨西哥香草荚和马达加斯加香草荚的品质相当，但名声很糟，这可能是因为墨西哥的香草提取物和美国的有很大差别。墨西哥对香草提取物的监管不如美国严格，某些墨西哥产品中根本不含酒精，因此无法保存。如果使用速度较快的话，那还好，但这意味着香草提取物和其他不耐放的食品一样，可能会变质。此外，来自墨西哥的香草提取物中通常含有零陵香豆，它会带来令人愉悦的味道，但含有一种叫作香豆素的抗凝剂。[1] 墨西哥香草提取物的价低是有原因的：它和美国产品的质量不在同一档次。但这只是香草提取物的问题，墨西哥香草荚很棒。

塔希提香草（Tahitian vanilla）：塔希提的香草总产量远小于马达加斯加和墨西哥，因此塔希提香草只能在较小的店铺或者专营店中找到。塔希提香草就是香草中的爱马仕铂金手提包，浮华、昂贵、稀有，人们认为它更好，因为它更难寻得也价格更高。许多人认为，更高的价格就意味着更好的质量，但我不这么认为。换种说法就是，它只是另一种品质：明媚，花香，接近香水，带有明亮的樱桃甜味。

---

[1]　对于正在服用抗凝药物的心脏病人来说，不应该再通过食物摄入更多抗凝剂。

不少人喜欢塔希提香草，但我认为主要的吸引力是稀有，这暗示着品质和异国情调。由于出口量很低，因此通常不容易找到塔希提香草制成的提取物。塔希提香草荚看起来和马达加斯加及墨西哥的截然不同：它们更粗，因为塔希提香草在加工过程中的干燥程度不如其他地方，因此保留了更多的水分。如果你弯折香草荚，它们会渗出液体。

印度尼西亚香草（Indonesian vanilla）：从过往的情形上看，印度尼西亚香草是商品香草：较短（五至六英寸，而前面三种的标准是六至八英寸），质量不如前述几种香草，但还过得去。在食品和饮料产品中使用香草的大公司会购买这些低质（但还能接受）的香草，因为它们的需求量巨大。不过，在过去十年间，印度尼西亚香草的声誉得到改善，一些烘焙师喜欢它含有更多甜味的强烈风味。

将香草进行横向对比是有意义的。马达加斯加、墨西哥、塔希提香草看上去各不相同：塔希提的饱满，马达加斯加的块头大，墨西哥的更瘦更干。（印度尼西亚的非常短，就像受伤的拇指，就不在这里对比了。）首先，将每种香草都缠在手指上，这样你就会看到含水量的不同如何造成香草荚的差异。然后，在平坦的表面上用剃须刀片把每种香草荚都切成两半，进行嗅闻。如此，你就能分辨出它们口味上的差异，进而确定自己喜欢的香草风格。

全球作物

2017 年 3 月袭击马达加斯加的飓风摧毁了大部分香草作物，导致当年晚些香草价格飙升，而它给整个行业带来的动荡更加持久。对香草的需求如此之大，让很多农民采用了一种更快速的加工工艺，以求将手中的香草尽快带入市场，但是这样的产品是劣质的。正如姑妈所说，这就如同葡萄酒生产者在葡萄刚一出现就开始采摘，而不是等待葡萄成熟，然后尽可能快地制作葡萄酒并迅速出售。接着上面说，跨国公司一直以来都在满足消费者对于天然食品和调味品（众所周知的好东西）的需求，但由此开始，廉价的劣质香草开始替代真东西，从而制造了更高的需求以及未来的短缺。一些捷径，让人们无须花费六个月的时间进行发酵、干燥和陈化过程，比如真空包装香草荚，这会导致风味变弱，更不像香草的味道。

香草的价格不断波动，那些波峰大多与天气问题相关，比如干旱或洪水损害彻底摧毁了香草作物。袭击马达加斯加的飓风造成了毁灭性的影响，因为马达加斯加的产出满足了全世界绝大部分的需求：80% 的香草都是来自这个岛屿国家。香草是一种脆弱而且相当挑剔的植物，极易患病和枯萎。[1] 但是，不光自然母亲，人类也在影响香草的价格，市场投机和老派资本集团进一步抬高了香草价格。这一切都意味着，相比几年前，你为购买优质香草支

---

[1]　香草植物还需要适量的遮阴，藤条排布要恰到好处，当然，还要在花开的一小段时间之内完成授粉。真是一种超不稳定的难搞香料。

香草荚，带有可见的结晶

出的开销比几年前要高得多，可悲的是，买回来的香草可能还不能达到你所要求的品质。

香草醛

风味轮是食品科学家用来识别和标记食品香气及味道的工具。那些描述葡萄酒的神秘词汇——泥土的、大的、金属的——可能就是来自这个方法，而品尝咖啡的人会用带颜色的风味轮来表达咖啡豆的品质。香草极为复杂，有几十种味道用来描述它丰富的香气，以及指明不同气候下生长的香草间的细微差别。风味轮是一个有用的工具，可以用来描述香草醛，香草的这个模仿者是如何的不尽如人意。香草醛只是香草中的一部分成分，与香草相比，它缺乏深度和细致。

但香草醛价格低廉，供应充足。这就是为什么大多数香草味产品实际上是使用香草醛进行调味的原因：它是一种单一化合物，是香草中的主要风味，可以在实验室中轻松制备，而且味道足够接近。香草醛只是众多合力造就香草味道的物质之一，而其他的那些，科学家还没有进行复制。

香草醛最初是由松脂制成，于 1874 年问世，之后科学家又找出了用其他更低成本的商品制造香草醛的方法，比如纸浆，可以来自任意一种再生纸张、木材，或纸制品如餐巾纸和厕纸。纸浆是世界上最充足、最便宜的材料之一。1969 年，小弗里德里希·罗森加滕断言："仅威斯康星的一家工厂用木浆进行生产的仿制香草就能够满足全美国对这种风味的需求。"①

对香草的需求是在近五十年才飞增的，对香草醛来说也一样。《科学美国人》估算，对于我们的食物中的香草味，只有不到百分之一来自真正的香草。② 如今，用纸浆制造香草醛的方法已经失宠，它被其他方法取而代之。许多食品公司都希望给自己的产品包装打上"纯天然"的标志，他们面临着挑战，要不使用真正的香草，要不说服监管机构，香草醛是天然的，因为它是从，比方说，丁香油制造的，尽管它根本就没有走出过研究室。人们对纯天然产品的渴望如此强烈，以至于有些人开始真的用真正的香草来给他们的产品调味，从而将香草的需求和价格推向了更高的高度。

---

① 《香料之书》，95 页。

② "香草的问题"（The Problem with Vanilla），《科学美国人》（*Scientific American*）。

甜牙

　　感谢伊丽莎白一世女王和托马斯·杰斐逊（Thomas Jefferson）
对甜食的钟爱 ①，给香草带来了广泛的赞誉。杰斐逊在担任驻法国
大使的时候就爱上了香草，并于 1789 年把香草荚带回了蒙蒂塞
洛（当然，它们在美洲已经有数个世纪的历史了）。在此 187 年前，
伊丽莎白一世女王和她的传奇甜点嗜好将香草第一次带进了欧洲
的厨房。尽管科尔特斯是原始香草热巧克力饮品的狂热支持者，但
香草当时在欧洲主要是作为药物和香水原料而存在。1602 年，伊
丽莎白女王的药剂师休·摩根（Hugh Morgan）发现，香草可以用
来为糖果增添令人愉悦的风味。

　　读到伊丽莎白女王的药剂师在摆弄香草，也许会让人感到奇怪，
但在中世纪和伊丽莎白一世女王统治时的近代早期，药剂师和厨
师是同一个人。用历史学家杰克·特纳（Jack Turner）的话说："不
是所有的药都是香料，但所有的香料都是药。" ② 对于欧洲人而言，
直到几百年前，香料是人们与外界建立的极少数联系之一，它们
的起源深深地沉于神秘之中，因而承担了神话的角色。香料在欧
洲人尽力保持和谐的四种气质，即狂野怪诞的干、湿、热、冷中

①　Sweet tooth，直译即甜牙。——译者注
②　《香料：诱惑的历史》（*Spice: The History of a Temptation*），159 页。

起着关键作用。它们的位置曾经是在药房，而不是厨房。^① 所以，在伊丽莎白女王的药剂师能够接触香草时，她的厨师还不能。这真是她的好运，也是随后那些香草味食物的好运，她的药剂师认出了香草的能力，不只是让胃舒服，还可以取悦舌头。

---

① 从 1860 年到 1910 年，香草被列入《美国药典》(每年更新的药品信息大全)，这让我们与香草药用的时代相隔了几代人。

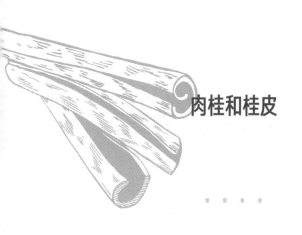

肉桂和桂皮

■ ■ ■ ■

香草是壮阳药俱乐部的新晋成员。两千多年来，香料一直被认为是性欲的增强剂，是许多男人对某些方面能力担忧的安慰剂。历经古希腊、古罗马和古埃及文化，穿越欧洲的黑暗时代，人们向香料求助，希望它能给予助力。香料罕有，散发着神秘气息，让它成为人们注入希望与欲望的理想容器，既是医学的，也是性欲的。和二十一世纪的男人向医生索要伟哥一样，我们的祖先也向医治者询问香料方子。通过正确的混合和使用，它们几乎可以治愈各种病症，从肝不舒服到相思病都没问题。

由于强烈的味道和香气，香料被认为具有近乎神奇的功效，当然其中也有中世纪公民无法估测的遥远国度的一份功劳。在缺乏对外部世界的实质知识的背景下，香料是人们与地球上其他地方的重要连接，不过这些地方也可能是神灵的境界。世人皆知，没错，这些来自异域的商品经过天堂流淌的芳香河水，才流向凡间的世界。当讲到肉桂之类的香料时，它们的起源之地就更加空灵了。

有些商人更是把他们的商品升级为天国的遗产，比如将香料称作天堂的谷物。

　　公元五世纪时，哈利卡那索斯的希罗多德写道，肉桂只在狄俄尼索斯神的家乡生长，就是希腊万神殿里的那位纵情豪饮的社交名流。在古希腊人中，有鸟类帮助肉桂收获的传说。在故事中，在肉桂生长的遥远岛屿上，当地人提供了大量的肉块让鸟类尽情享用，鸟类将肉带回鸟窝。鸟和肉的分量重重压着树冠，使肉桂降低到了人们可以收获的高度。① 亚里士多德认为，有只鸟用肉桂筑巢，人们把铅箭射入其中，同样用重量使其降低。② 另一个故事说，产肉桂的树生长于狮鹫把守的大湖中央。狮鹫看守着肉桂，攻击那些试图拿走肉桂的人。③ 也许这解释了鸟与肉桂的传统关联，也就解释了凤凰为什么要从肉桂棒的火中重生。④

为名字发愁的甜树皮

　　肉桂有几种类型，对分类方法也有几种解释。最简单的就是，以作为风味强度指标的挥发油含量为标准。挥发或者说芳香油通

① 《香料的传说》（ *The Lore of Spices* ），122 页。
② 《香料的传说》，124 页。
③ 《家庭花园的香草与香料之书》（ *The Home Garden Book of Herbs and Spices* ），144 页。
④ 并不是每个人都容易被这种故事诱惑。香料历史学家杰克·特纳（Jack Turner）引用了一段十三世纪方济各会修士对肉桂故事的评价："以这种拿腔作调，人们让东西变得更珍稀以及更高价。"（《香料：诱惑的历史》，50 页。）

常被用来衡量香料的效力，对于肉桂来说，可以从最低的 1% 至 2%，到最高约 7%。

西贡肉桂（又称越南肉桂）位于顶端，含 6% 至 7%，是风味最强烈的肉桂。它的风味极强，正如我会告诉客人的一样："如果你真的想要在烘焙食品中添加浓烈的肉桂味道，这是很好的选择。"中国肉桂的含量为 3% 至 4%，强烈而丰富，但没有西贡大红木条刺激。阴香，含量在 3% 上下，处于中游水平。锡兰肉桂的含量为 1% 至 2%，处于较低水平，带有轻柔精巧的香气。

但是实际上，只有锡兰肉桂是肉桂（cinnamon），西贡、阴香和中国的是桂皮（cassia）。[①] 肉桂和桂皮在生物分类学中是同一属下面的不同种，但只有锡兰肉桂是"真正的"肉桂，因为它来自 *Cinnamomum verum* 种：拉丁文的意思是"真的肉桂"。想象洋葱和蒜，它们也是同一科里的兄弟姐妹，但在烹饪中，它们是各自存在的。桂皮和锡兰"肉桂"之间的区别是真实存在的，虽说没有达到极端的程度。如果不是历史上的偶然，把所有桂皮都一样称为肉桂，那么今天人们走进香料店，要的就是桂皮条和桂皮粉了。

我们已经使用各种桂皮很长时间，它们已经成为我们的标准。大多数美国人认为的肉桂味道——在咖啡蛋糕和咖啡圆包中的，加

---

① 此处的肉桂和桂皮是适应英文原文的译法，在中文中桂皮和肉桂未有如此明确的区分。——译者注

刚收获的肉桂树皮

到墨西哥热巧克力中的，撒在吐司上的——实际上是桂皮的。[1] 在过去五十年甚至更长的时间里，桂皮一直是这个国家的主要"肉桂"产品，其进口量大于"真正的"肉桂，并且因为其风味更强烈而广受欢迎。将锡兰肉桂放在不同的桂皮当中比较，它的挥发油含量是最低的，风味虽然不够强烈，但依然浓郁，还有复杂的精致。

　　如果你家里正好有肉桂，那么严格来说，它大有可能是桂皮。在标签上将桂皮写成肉桂是如此常见，梅里亚姆—韦伯斯特词典最近更新了关于西贡肉桂的词条："一种越南树木（*Cinnamomum loureirii*）干燥的、芳香的树皮，制得的甜辣香料桂皮**被用于替代肉桂销售**；也用于西贡肉桂树皮制成的粉状香料"（黑体是我加的）。美国人认为桂皮就是肉桂，他们的字典反映了这种习惯。甚至美国《联邦食品、药品和化妆品法案》也没有尝试区分二者。[2]

---

[1]　《香料之书》，186 页。

[2]　美国食品药品监督管理局的定义以"肉桂（桂皮）"开头，接下来定义了前述的不同类别："*Cinnamomum zeylanicum*（锡兰肉桂）、*Cinnamomum cassia Blume*（中国肉桂）或 *Cinnamomum loureirii Nees*（西贡肉桂）的干燥树皮。颜色从棕色到棕红色。"

在历史上，人们对肉桂和桂皮之间的区别有比如今更清晰的理解，将二者交叠是相对现代的现象。肉桂和桂皮都出现在圣经中，这表明那些写作者至少知道它们是圣膏中的两种不同成分，尽管他们没有说明更喜欢哪一种成分。这导致了一场持续的辩论，因为没谁能够认定哪一个更好。

盖伦，公元二世纪的古希腊医学家，认为桂皮是更高品质的香料，他指出如果使用低品质的肉桂，需要两倍的用量才能达到桂皮的效果。然而到了中世纪，这种想法被反转，与肉桂相比，桂皮被认为"略逊一筹"。① 但是到了十五世纪，这种偏好突然倒向肉桂一边，约翰·罗素（John Russel）在他的《教养之谈》（*Boke of Nurture*）中写道："Synamome"（cinnamon）是给"大人们"（for lordes）的，而"canella"（cassia）是给"普通人"（commyn people）的。②

1909 年，吉布斯尝试用他权威的《香料及认识方法》来解决肉桂和桂皮的问题："最低档次的桂皮与最好的桂皮以及真正的肉桂是非常近似的，因此它可能被当作替换品，或者说用来作仿冒品并不容易被察觉。"③ 吉布斯写道，他的目的是帮助香料商人鉴定他们的商品是否被动过手脚，但这条说明强调了"最好的桂皮"与

---

① "令人感到尴尬但没那么吃惊，中世纪消费者对差异更加适应。"《香料：诱惑的历史》，xxiii 页。
② 《香料之书》，190 页。
③ 《香料及认识方法》，100 页。

"真正的肉桂"很接近，因此"最低档次的桂皮"可能被拿来冒充高档的桂皮或者肉桂。他的意思是，并不是所有的桂皮都是低档货，在其中有质量的差别，最高级的桂皮和最高级的肉桂是相近的。

植物学家亨利·里德利在1912年继续了这一思路，他质疑是否桂皮本身就是低档的，并怀疑选料和制备才是其备受指责的糟糕质量的真凶，而不是桂皮本身："好的桂皮具有肉桂的风味，同样又甜又香，尽管在描述中它经常是不够细腻和精巧。在使用锡兰肉桂种植者的方法，采用更精细的选料和制备标准后，也许会有一种与真正肉桂几乎或一样好的桂皮诞生。"①

在一本1984年为食品工业专业人员制作的香料小册子中，我发现了一个简洁精练的解释，它什么都没能解释：行家们认为肉桂优于桂皮。小册子里也承认"这两者相互间非常接近，经常被放在一起比较。在食品调味中，它们的使用目的相同"。但随后里面继续写道："专家们认为肉桂的风味要远远优于桂皮。前者更加昂贵，尤其是斯里兰卡肉桂。"②但小册子没有考虑鸡生蛋的问题。也许肉桂价格更高是因为它品质更好，又或许是因为肉桂更昂贵而被假定品质更优。

自从吉布斯的平等主张之后，一个多世纪以来，我们称作肉桂的，基本都是桂皮，没人在乎。围绕着"真正的"肉桂的精英主义依然存在，但如果问问普通家庭里的烘焙者，他们最喜欢的

---

① 《香料》(Spices)，229页。
② 《用于食品工业的香料和香草》(Spices and Herbs for the Food Industry)，47页。

肉桂类型是哪种，毫无疑问，他们告诉你的是严格来讲的桂皮。跟随着各地的香料商人、他们的客人、典籍撰写者、肉桂爱好者的行列，我会继续用肉桂一词来描述"真正的"肉桂，以及几种桂皮。

把肉桂放进嘴里

挥发油含量依然是挑选肉桂及其效力的合理解释。吉布斯指出："肉桂油和桂皮油的化学成分相同；它们的价值以其肉桂醛含量来评估。"[①] 不过，无论读了多少文字，你还是无法知道自己到底更喜欢它们哪个。你必须自己尝尝。或许你真的更喜欢锡兰肉桂精巧的风味，又或许你更喜欢吃重料的越南菜，又或许你更欣赏阴香的甜美醇厚。

了解肉桂之间，或者准确来说桂皮与锡兰肉桂之间区别的最好方法就是动嘴尝试。我上中学时，妈妈曾到学校为班级做示范。她花工夫用各种肉桂烘焙了许多迷你脆挞，让班里的同学每人都吃了一组脆挞。通过对比品尝，口味的差别直接就显现出来，同学们口味上的各有所爱也映出了在更大人群中口味是有差别的。

---

① 《香料及认识方法》，103 页。

肉桂的种类

锡兰肉桂（Ceylon cinnamon）：清淡，精巧，带有少许柑橘香。考虑锡兰肉桂温和的风味，它适用于没有其他压倒性香料的菜品。肉桂冰淇淋和蛋奶沙司适合发挥锡兰肉桂轻柔的风味。

中国肉桂（China cinnamon）：最常见的肉桂，通常是人们判断其他肉桂风味的基准。中国肉桂甘甜、温和，非常适合用于烘焙。它可以和其他风味很好地融合，既能保持自己的风味，又不会掩盖其他风味。当食谱中简单写着"肉桂"时，中国肉桂是完美的选择。

印度尼西亚阴香（Indonesian korintje）：强烈而浓厚。印度尼西亚阴香有一点苦，但深度不及其他肉桂。它价格便宜，所以安家于商业烘焙店和食品加工厂。有些阴香也具有不错的品质，它们是经过分级的，如果你买到"A级"（grade A）的阴香，那么你手中的依然是优质的肉桂。更低级别的阴香被用于大规模食品生产。

西贡肉桂（Saigon cinnamon）或越南肉桂（Vietnamese cinnamon）：比其他肉桂更浓厚，带有少许甜辣。挥发油含量为5%至7%，高于任何其他肉桂。当你需要满满的肉桂味时，比如肉桂卷，选它没错。

我偏好轻柔的口味，所以我平时使用中国肉桂和阴香。但如果我只能在杂乱无章的香料架上找到西贡肉桂，我也会使用它。除了用于热巧克力，我不会为其他菜品特意选出最爱的肉桂，或者给它们排出优先级。需要向这种我必备的热饮中添加肉桂风味时，我会使用柔和的肉桂，或者直接使用肉桂条。肉桂条（实际上是桂皮条）只会带来淡淡的肉桂风味，另外，吮吸被巧克力泡软的肉桂条也是结束一杯美味的愉快方式。

　　有人将两种或多种肉桂混合在一起，以达到所需的甜度与辣度比例，我对此表示衷心的赞同。你真的应该试试不同的香料，以及把它们混合在一起，直到发现自己喜爱的味道。

肉桂卷，左边是锡兰肉桂，右边是印度尼西亚阴香

整根肉桂

肉桂是树的内表皮，人们通过采伐并去掉外层，来收获芳香的内层。外层的风味柔和，而内层的风味非常丰富。树皮被从树上剥下，然后卷成细长的管状。它们可以被磨成熟悉的肉桂粉，也可以制成不同长度的肉桂条来出售。这些诱人的树皮卷可以有很多的用法。

在祖父母的店里，柜台上放着一篮子肉桂条，作为给小孩子的礼物。这看起来很古怪，但小孩子们大多喜欢这个，可以像吮棒棒糖一样吸吮一根树皮。吮肉桂条也是摆脱咬指甲癖好的绝佳方法：当你想要啃指甲的时候，拿一根肉桂条来代替；同样的牙口功，更好的那口味。姑妈让人们在大肉桂上签名，而不是在纸上。她那令人印象深刻的大肉桂树皮，就如同传说中老普林尼展示的金板，或者教堂中陈示的圣物。[1]

肉桂花蕾

肉桂花蕾是经过干燥的肉桂树未开放的花。它们收获于开放前，并置于阳光下干燥。肉桂花蕾的味道就是典型的肉桂味，或者说更多一点儿泥土味，它们非常适合用来泡肉桂茶：只需像泡一般

----

① 《香料：诱惑的历史》，231 页。

的茶一样在热水里放上一茶勺的量（或者更多）。它们有时也被用于制作腌渍调料。

也许是因为肉桂和苹果的传统搭配，祖父母将肉桂花蕾和诺曼底苹果白兰地卡瓦多斯（Calvados）配对。商店里有一些满是灰尘的空酒瓶，其中大多是卡瓦多斯的，上面没有日期，但看起来都有几十年的历史了，这是我在读研期间和祖父母一同居住时留下来的一个未解之谜（祖父几年前去世了）。最近，我找到了答案，祖父把祖母喜欢的书签插在《草药学家》（*The Herbalist*）的两页之间。书页上的内容是关于 1988 年美国香草协会的大会上（那一定是在密尔沃基），家里的香料屋派发香料样本，还有他们的卡瓦多斯 / 肉桂花蕾特饮的故事。[1] 他们一定是最受欢迎的摊位。

------

[1]　不重要但有意思的是，在那一页的底部写着："如果需要 1988 年的香料列表（或番红花配方），请支付香料屋一美元。"祖父母喜欢以物易物的方式，香料换回来的是商品或者服务，当然还有食谱。

肉桂粉（从左到右）：阴香，中国东兴肉桂，西贡肉桂，锡兰肉桂

调和肉桂

几年前的一个十月，我正在波士顿，调酒师问我要不要在刚点的南瓜啤酒上"加一个圈"。虽然完全不知道那是什么意思，但我还是同意了，然后看着他把品脱杯的杯口在装着肉桂糖的盘子里滚了一圈。甜甜的肉桂和醇厚的南瓜非常登对，在不知不觉间我也成了风靡全国的南瓜香料热潮的粉丝。[①] 我变得对这种波士顿的时令传统越来越着迷，回到中西部之后它已经融合到我喝南瓜啤酒的习惯之中。去年十月，我把一瓶肉桂糖偷偷带到街头的节日庆典中，把它们撒到杯口上，这无疑让我看起来很奇怪，但我这杯可太好喝了。

除肉桂之外，南瓜派香料还包含多香果、豆蔻、豆蔻肉、姜和丁香。这种甜味的混合烘焙香料之所以能扩散开来，是因为它将肉桂的甜、姜的烈，以及一组难以捉摸的风味混合在了一起。苹果派香料过分依靠肉桂，凸显苹果和肉桂的组合，在南瓜派香料加冕之前，它一直统治着玛芬和早餐麦片。在我看来，它最好是肉桂、肉桂花蕾、豆蔻和豆蔻肉的混合。

即使是基础的肉桂糖，也会含有肉桂之外的其他成分：小豆蔻、香草，以及其他的甜味香料如豆蔻和丁香也会以小比例添加，以增加风味的复杂性。肉桂糖是个迷人的小东西。我通常使用柔和

---

① 有时我在想，南瓜热潮的兴起是不是因为人们发现自己喜欢肉桂和温暖的烘焙香料，而南瓜在其中只是次要的，不过这可能是我的偏见。

的中国肉桂，按照1杯糖加¼杯肉桂的比例制作。我喜欢让自己的配方中的肉桂味更重一些，也许你会发现自己只需要添加一半的量，又或许你会选择让肉桂味更强烈、更有冲击力而使用西贡肉桂。

一旦开始制作，就不要让材料用光，就像不停往老面里加新面一样，往里面加更多的肉桂和糖，还有之前没用完的香草，或者其他烘焙香料如豆蔻和多香果。如果喜欢冒险，可以添加少量干薰衣草或小豆蔻。不用担心添加了太多新香料而影响了口味，你可以再添加更多肉桂和糖，让口味恢复到正常水平，而且，风味可能比以前更具深度、更有趣。

对肉桂的痴迷

肉桂是我们的人类祖先最早使用也是最重要的香料之一。它的人类学历史始于埃及人，在基督诞生前约两千年，他们就在用尽办法进口肉桂。对于木乃伊的保存工作，在众多香料中，肉桂有一份功劳。磨碎的香料被用来擦干法老们的身体。其他宗教和文化延续了这一传统，包括犹太教：当人们回来准备用香料制成的膏为耶稣处理时，他们只发现耶稣不见了。

罗马人和希腊人也用肉桂来医疗和增香。据说，尼禄皇帝曾焚烧了一年的肉桂以表示对于亡妻的哀悼：这么多肉桂可以说是天价，所以烧掉就表示了他对妻子的爱有多深。

　　肉桂，还有胡椒、豆蔻以及丁香，是十五和十六世纪探险者开拓新贸易路线的主要动力。为了寻找肉桂的源头，欧洲人首次与锡兰（如今的斯里兰卡）和香料群岛进行了接触，当然，这也直接将他们引至了新世界。简要来看，由香料驱动的欧洲殖民活动有两个主要参与者，葡萄牙和荷兰。

　　葡萄牙于十六世纪初期对锡兰进行了殖民，他们在 1505 年占领了这块土地，无情地管理着生产肉桂的强制劳作。到了十七世纪中叶，荷兰人赶走了葡萄牙人，更加无情地管理着这座岛屿，从而对肉桂进行更加严格的垄断，然后他们将目光投向了其他香料。

　　这是殖民活动和香料贸易不分伯仲的丑陋例子。葡萄牙入侵者坏透了，而荷兰殖民者更是坏得透透的，当地的土地所有者如果藏有未经荷兰官员注册的肉桂植物，以及那些尝试将肉桂从锡兰走私出去的人，都会遭到处决。他们对肉桂的垄断是完全的，而且会不择手段地维持这种形势。有次，荷兰官员听说在印度柯钦（Cochin，如今叫作戈奇［Kochi］）另有肉桂来源。荷兰人威胁和贿赂并用，迫使柯钦当地的政府销毁了所有的肉桂，在之后的多年时间里让荷兰拥有肉桂的独家货源。①

　　只要荷兰人能够控制住肉桂，他们就能够人为地将其价格保持在高位。这样做，似乎香料就无法流淌。1760 年 6 月，阿姆

---

① 《香料的传说》，127 页。

斯特丹的官员们焚烧了大量的肉桂，一份账目记载，它们的总价值约一千六百万法国里弗尔①，据说甜但辛辣的烟弥漫了整个荷兰。

① 《香料的传说》，129 页。

豆蔻和豆蔻肉

肉桂并不是荷兰人无情殖民、控制，并通过焚烧来保持高价来获利的唯一香料。在近代，豆蔻仅在印度尼西亚的几个岛屿上生长，一旦香料的源头从寓言中的幻影转变为可以从海上抵达的实际地点，欧洲的海上权势不用花费多少功夫就可以前往那里。十六世纪初，葡萄牙令人畏惧的海军力量全力以赴，率先从岛屿原住民手中夺取了豆蔻的控制权，并建立了殖民地。但是这次对豆蔻的征服重蹈了此前肉桂的历史：荷兰人从葡萄牙人手里夺得了控制权，然后担心其他海上强权（比如西班牙和英国）把自己手上刚抢来的又给夺去，所以他们强制实行了更加严厉的制度。

荷兰人不遗余力地确保豆蔻被完全地掌握在自己的手中。他们将豆蔻的生长限制在班达群岛（Banda Islands）和安汶尼亚（Ambonia，如今的安汶岛［Ambon Island］）。他们把其他地方的豆蔻树全部砍掉，以确保绝对的垄断，他们还用石灰或柠檬酸覆盖处理，让豆蔻无法发芽，这意味着，人们没办法将从市场上购买白豆蔻用于自己种植。然而，这种将豆蔻的生产限制在两片区域，让培育和售卖的控制变得更容易的努力，被鸽子破坏了。鸽子不在意荷兰人定下的规矩和法律，在荷兰人还未来得及收获并处理豆蔻之前，鸽子像往常一样看到豆蔻果实然后吃下，享用包裹着豆蔻的果肉，然后将种子散播到附近的岛屿。尽管荷兰人尽了最大努力，鸽子还是遵循自然的意图传播了豆蔻。

当生产进行得太顺利时，荷兰人会烧掉豆蔻和豆蔻肉，人为地保持香料的稀缺以及高价。1735 年，阿姆斯特丹的官员烧掉了一百二十五万磅的豆蔻，因为过剩的收成意味着价格的暴跌。[①] 根据历史学家杰克·特纳的说法，"有人看到豆蔻篝火中流出的油浸湿了围观者的鞋。其中一个被看到的人就被认定为从火堆偷了少量豆蔻而被施以绞刑。"[②]

豆蔻总是比豆蔻肉更多，这让阿姆斯特丹的官员提出了一个看似很合理的解决方案：为什么不放弃种植豆蔻，来多种一些豆蔻肉树呢？[③]

被一分为二的植物

荷兰官员不知道，豆蔻（nutmeg）和豆蔻肉（mace）来自同

---

① 《香料：诱惑的历史》，291 页。
② 《香料：诱惑的历史》，291 页。
③ 《香料之书》，297 页；《香料的传说》，96 页。

一种植物。豆蔻是豆蔻树果实的种子，这种树原产于印度尼西亚和菲律宾的某些岛屿。从外观和结构上看，豆蔻的果实都像李子，豆蔻位于鲜黄色果肉的中央。整个豆蔻看起来像一个迷你版的木制鸡蛋，在其周围生长着惹眼的种子覆盖物或假种皮，就是我们称之为豆蔻肉的东西。新鲜的时候，豆蔻肉是鲜红色的，经过干燥后变成黄褐色，并掺杂有深棕色、暗金色和红色。完整的豆蔻肉保持着自己的形状，就像内部模具融化后留下的石膏制品一样。

每一百磅豆蔻可以生产出三磅半到四磅豆蔻肉。[①] 把豆蔻肉从豆蔻上分开，就成了两种独特的香料，因为它们在化学成分上略有不同，尽管二者都是又浓烈又甜。它们足够相似，在你用光其中一个时，在紧要关头可以用另一个来代替。豆蔻肉比豆蔻更软更浓郁，比起它的兄弟，这让我更喜欢它一些。（也可能是因为我更被豆蔻肉漂亮的外观所吸引。）

美国人经常把豆蔻看作烘焙时使用的甜香料，但这种想法掩盖了豆蔻的才华。制作口味偏重的菜品时，不要忘记豆蔻和豆蔻肉。只需要一点点豆蔻，就能够为煎鱼、酱汁或蔬菜（尤其是胡萝卜和菜花）增添深度和趣味。它的锋芒和奶油酱汁、奶酪酱汁及比萨浓厚的油脂风味是互补关系，在白汁派中很常见。很多芝士通心粉菜谱里都要求放少量豆蔻。苏格兰羊杂布丁（haggis）需要豆蔻，在意大利它通常和菠菜配对。大仲马的炒蛋菜谱要求加盐、胡椒

---

① "你应该了解的关于豆蔻和豆蔻肉的事情"，美国香料贸易协会。

和豆蔻。[①] 豆蔻是一种非常浓烈的香料，像丁香一样，我会注意不要添加过量，免得它占领了整个盘子。祖母伊娃对添加豆蔻的建议是"一指甲就足够"，用以表示必要的克制。

我通常将豆蔻和其他味道强烈的香料，比如黑胡椒一同使用，并发现了汤和炖菜的超级好调料。当然，它是朗姆鸡尾酒的重要装饰，也是节日蛋奶酒（eggnog）的关键配方。它最常见的地方可能是南瓜派。没有豆蔻和肉桂，派就只是南瓜和派皮：当我们的南瓜派馋虫爬出来时，香料是成就美味的微妙本质。

可以购买豆蔻粉，或者购买完整豆蔻，然后在家磨粉。就个人而言，在汤和类似的菜品中，我倾向于使用预先磨好的豆蔻粉，当味道差一点的时候，我可以随时再添加一些。但坏消息是，相比其他香料，磨成粉的豆蔻会更快失去其风味强度，好消息是，它很容易磨粉。你只需要一个细刨丝器和灵活的胳膊肘，就可以拥有新鲜的豆蔻粉。在家制作蛋奶酒的时候就可以这样操作。如果是用豆蔻做装饰，新鲜磨粉永远是最好的选择，不然那些没了味道的旧豆蔻粉会让你的调配被人叫作锯末鸡尾酒。一颗豆蔻大约可以研磨出一汤匙的豆蔻粉。

豆蔻肉是甜甜圈和磅蛋糕中的关键成分，它也是水果甜点的好帮手。豆蔻肉几乎总是以粉末形式使用，尽管有时豆蔻肉也会被整个加到法式砂锅（casserole）和炖菜中，在上桌前再取出，就像

---

① 《美食词典》（*Dictionary of Cuisine*），111 页。大仲马似乎是豆蔻的忠实爱好者，因为豆蔻出现在了他的《词典》里的许多食谱中，通常是与盐和黑胡椒一起。

豆蔻肉

使用整根肉桂。制作透明果冻的时候也需要使用豆蔻肉片,因为豆蔻肉粉会使果冻上色。

豆蔻和豆蔻肉的种类

豆蔻生长在两个地方,东印度群岛(印度尼西亚)和西印度群岛(格林纳达)。它起源于印度尼西亚,这里的品种稍显修长(这让它在研磨时更容易被捏住)。但两者之间的真正区别是,脂肪含量。西印度群岛的豆蔻含脂肪更多。如果你把它切成两半,可以用指甲刮一刮,你会发现它一点儿也不像木头,而是很软,很容易被指甲推开。东印度群岛的豆蔻比较硬,味道比西印度群岛的略微柔和,且颜色较浅。不过大家都说,在烹饪时二者没有明显的区别。

豆蔻的进一步分类是在等级和质量上,尽管在你去选购时可能并不会看到这些。东印度群岛的豆蔻分为"ABCD"等级，这是按照豆蔻尺寸划分的，还有一个等级叫作"皱缩"（Shrivels），指有皱纹的豆蔻。[①] 然后是最低等级"BWP"，这是一个奇怪的首字母缩写组合，完整的意思是"破损、虫蛀、朽坏"（broken, wormy, and punky）[②]，这些凄惨的家伙仅被用于豆蔻的提取。西印度群岛仅有"SUNS"或者说"完好的未分级豆蔻"（sound, unassorted nutmegs）被运到美国。[③]

豆蔻肉自然与豆蔻来自同一个地方，并且相应类似地遵循西印度和东印度品种之间的细微差别。经过干燥，东印度的豆蔻肉为深橙色，而西印度的颜色更黄。实际的测试比较了二者间口味的细微差别。没有哪个比另外一个更好。

不是那种豆蔻肉

我遇到过寻找液体豆蔻肉的顾客，这是一种类似胡椒喷雾的东西，用来喷到人的脸上，让他们暂时失去威胁。但喷雾和香料不是一码事，液体豆蔻肉并不是用香料制作的。另外，胡椒喷雾也不是胡椒做的，它们的威力来自辣椒中的同一种化合物。

---

① "你应该了解的关于豆蔻和豆蔻肉的事情"，美国香料贸易协会。
② 如果我写回忆录的话，这可是个好标题。
③ "你应该了解的关于豆蔻和豆蔻肉的事情"，美国香料贸易协会。

荷兰人到达之前

在欧洲人为了世界上最受追捧的香料而争夺几座岛屿的控制权的几千年前，豆蔻和豆蔻肉就有自己的市场需求。不同于肉桂，豆蔻的历史能追溯至何时，还是一个开放的问题。古罗马博物学者和自然哲学家老普林尼写到过，一棵树上有两种香料（或者取决于你的文本来源，还可能是一棵树上有一种芳香的坚果和两种不同的增香剂）。有些人认为这是豆蔻和豆蔻肉的明确引证，因为它们确实来自同一种果实。但是在大多数情况下，古罗马人用香料商人的神秘故事拼凑出的香料认识是远非准确的。当信息和香料一同被运抵时，那些讲述如何收获香料的故事已经失真，被重重神秘包裹，老普林尼的一棵树上有两种香料，可能只是来自幻想（或者是商人炮制的奇妙故事）。有一件事可以确定：当时众所周知，豆蔻被海洋包围时就会开花结果，这是豆蔻生长于海岛的引证。

然而，六世纪时豆蔻在君士坦丁堡的出现，是毫无争议的，它的传播遍及欧洲，最终于十二世纪到达了斯堪的纳维亚半岛。[①] 两位多产的作家，一位僧侣、年代记作家，一位女修道院院长、作曲家、博物学者、密契者，给我们留下了使用豆蔻的早期记录。神秘的博学者圣希尔德加德（Hildegard）大约于 1147 年写了一本关于治愈

----

① 《香料之书》，296-297 页。

的灵视录，其中重点介绍了豆蔻的医疗用途，包括一个奇幻的故事：在新年那天带上一颗豆蔻，可在接下来的一年中让你在跌倒时受到保护（你可能会摔得很重，但不会遭受骨折的痛苦）。豆蔻还可以防止中风、痔疮、猩红热和脾疮。[①] 尽管希尔德加德的医学哲学受到了当时流行的医学理论（包括保持四种气质平衡的学说）影响，但她的工作还是值得注意的，因为她为医事是付出了劳动的，包括应用修道院花园中的药草，在民间医疗记录匮乏的时代使用拉丁文进行记录（她是极少数使用拉丁文书写的女性之一）。

几年后，一位僧侣兼诗人写下了 1191 年亨利六世皇帝加冕礼的记录。[②] 埃博利的彼德鲁斯（Petrus de Ebulo）记录了皇帝的圣体走过罗马的重大时刻，罗马的街道已用豆蔻和其他香料进行了熏香。[③]

除了把街道弄香和避免骨折这些不靠谱的，豆蔻还有更多传统用途。比如，害怕在高中舞会上遭到冷落就一直是个传统，不过如此你也很难想象一个十六岁的小子去尝试古老的方子：如果把一颗豆蔻放在左腋窝，智慧会暂时让开，你的一整晚都会被用来应付跳舞的要求。但是，根据一个有此经验的黑魔法书作者的观点，这只在星期五晚上生效。[④]

---

① 《香料的传说》，98 页。

② 《香料》，99 页。

③ 除了记录豆蔻的这种早期使用方式，彼德鲁斯还写了第一本广泛发行的关于温泉浴的指南（二者都是以诗写成）。

④ 《香料的传说》，98 页。

　　这些使用豆蔻的早期例子显示了历史上对于香料的神秘和医学理解，香料在成为厨房必备之前，主要在宗教和医学上应用。萨莱诺学校（The Salerno School）是中世纪后期的一所医学院，也是欧洲中世纪的第一所医学院。学校提出关于豆蔻的警告，在其 *Regimen sanitatis Salernitanum*，或者说《萨莱诺健康之道》中写有："吃一颗豆蔻是好的，两颗不好，三颗致命。"[①]

滥用与宿醉

　　可能是因为大剂量服用的毒性，在中世纪的欧洲，三颗豆蔻被认为是致命的。这就是臭名昭著的"豆蔻醉"，我从来没有进入这种状态，因为我会特别小心，避免添加过量豆蔻。豆蔻是奶油蔬菜和烘焙食品的绝伦搭配，但其本身的味道却是又苦又烈，我无法想象单纯摄入豆蔻是怎样的。但显然有人会这么做。（你可以去网上看看，但为什么要这么做呢？）

　　豆蔻和豆蔻肉的精油中含有豆蔻醚，一种剧毒物质。我在香料的氛围中成长，听说过不少豆蔻醉的故事，但是它们都没有美好的结局。绝大多数人都会有烦恼的时刻，但让人感到奇怪的是，明明还有别的更好的让人快乐起来的方法，为什么偏要选择这个。

　　在1969年的《香料之书》中，小弗里德里希·罗森加滕以旧

────────────────

① 《香料：诱惑的历史》，166页。

日的毒品恐慌和迷人的六十年代用词，警告了豆蔻的毒性：

> 豆蔻和豆蔻肉的精油含有大约百分之四的剧毒成分，豆蔻醚，过量摄入会导致肝脏细胞脂肪变性。因此，应少量使用，多加注意。据说大剂量服用豆蔻会产生很强的致幻作用，导致神志不清。在逃避现实的"豆蔻聚会"上，披头族和嬉皮士会把豆蔻粉当作致幻剂而吃上两到三汤匙。据说囚犯间也会以致幻作用来使用豆蔻。根据人们的描述，在"豆蔻醉"之后，会有严重的宿醉、头疼、恶心、晕眩等毒副作用。[1]

汤姆·斯托巴特（Tom Stobart）在他1970年出版的《香草、香料和调味品》一书中强调了豆蔻与酒精混合后的效力，他写道："人们晚上喝的潘趣酒和饮料通常都含有豆蔻，它们有轻微的助眠效果。实际上，大剂量的豆蔻是有毒的，而把它们放进酒精，会大大增强酒精的作用。"[2] 斯托巴特无意间重述了一个古老的看法，即香料会影响酒精的效力，无论是增强还是抑制酒精的作用。[3] 曾经在晚上喝过不少含有豆蔻的香料酒（mulled wine）和蛋奶酒，但我不认为豆蔻能给酒精带来怎样的助眠效果。因为豆蔻会让一些饮料更好喝，所以会使人喝下更多的酒精，进而让人昏昏欲睡。

---

① 《香料之书》，301页。
② 《香草、香料和调味品》（*Herbs, Spices and Flavorings*），174页。
③ 亚里士多德认为加了肉桂的酒更容易让人喝醉。（《香料：诱惑的历史》，71页。）

来一杯香料酒

近年来，手工啤酒的繁荣让香料重新回到了酿造的前沿，不过香料和啤酒早就是互相熟悉的老伙计了。虽然在葡萄酒中看到肉桂和丁香早已不会让人惊讶，在中世纪，添加豆蔻是延长啤酒保存时间的流行方法，当时啤酒变糟的速度可比现在快多了。乔叟曾写道，"豆蔻放进艾尔啤酒 / 无论新鲜还是陈旧"。这表示，虽然豆蔻起初是为了防腐而添加的，但饮酒者还是喜欢上了它的味道，所以才无论艾尔啤酒是"新鲜还是陈旧"。

跟啤酒一样，红酒中的香料也是必不可少的。随着时间流动，我们逐渐形成一种口味，希望在炉边有一杯加好香料的红酒，并不是出于需要。香料酒起源于罗马，当时流行的观点认为，香料可以防止酒变质，或者至少可以延长保存时间。然而随着酒瓶和软木塞技术的兴起，在十六世纪，对香料的需求减少了。但香料从没有完全被酒排除在外。香料酒和苹果酒依然是寒冬中的最佳饮品。《生活多美好》（*It's a Wonderful Life*）[1] 中的天使克拉伦斯分享了他偏爱的口味："多些肉桂，少些丁香。"他是对的。香料酒中通常含有豆蔻或豆蔻肉，以及小豆蔻，有时还会添加姜和多香果。在我家里，会加差不多一英寸的香草荚。

---

[1] 意大利导演弗兰克·卡普拉 1946 年的电影，片中由亨利·崔佛斯扮演的天使克拉伦斯劝慰困境中的主角乔治拯救自己。如本书作者所说，他对香料的建议也是对的。——译者注

香料酒通常使用红葡萄酒制作，这是你为拯救一瓶即将变质的红酒所做的既美味又经济的努力。如果可能，加上一大口白兰地和一些新鲜橙子切片，把混合好的香料酒放在炉子上加热，你将得到一壶美妙的热饮。考虑到清理香料的需要，可以把香料装入布袋，当然没有也不是问题。在热闹的节日聚会上，我会把茶滤放在杯子上，来清理掉漂浮的香料。不上档次，但很方便。不想要酒精，只想要香气？把同样的香料放到一锅水中，让锅在炉子上慢煮，下午做上，到晚上整个屋子都会沉浸在令人陶醉的冬日暖香之中。

安格斯特拉苦酒

没有安格斯拉特苦酒，曼哈顿鸡尾酒就不够曼哈顿。这个热门鸡尾酒中的配料，是一种十九世纪三十年代发明的药物，它从药物到配料的历程，展示了香料是如何由万灵药变成调味品的。一位名叫约翰·西格特（Johann Siegert）的德国医生在委内瑞拉的安哥斯杜拉城（Angostura）① 发明了一种药剂，他的药剂被认为含有豆蔻肉和豆蔻，以及肉桂、丁香、橙皮、柠檬皮、李子干、李子核、奎宁和朗姆酒。② 今天，它的配方被安格斯拉特公司严格保密。香料和水果给许多鸡尾酒添加了决定性的风味，除此之外，安格斯拉特苦酒还可以提升水果菜品和水果冰淇淋的口味。吮一块

① 安格斯拉特苦酒不含有安格斯拉特树皮，而是以发明地的名字命名的。
② 《香草、香料和调味品》，45-46 页。

撒上糖和安格斯拉特苦酒的柠檬块，是个治疗不停打嗝的老方子。

··

豆蔻之州

为什么康涅狄格州被称作豆蔻州？那里从来没有种植过豆蔻——和大多数香料一样，豆蔻只能在热带种植，但康涅狄格州不在热带。各种解释中大多都包含同一个故事：在某个时候，精明的北方小贩把木头雕刻成豆蔻的样子，然后当作真货出售。[1] 如

——————————————

[1] 《香料之书》，298 页；《香料：它们是什么以及来自何处》(*Spices: What they are and where they come from*)，11 页。

香料酒的香料：肉桂、丁香、多香果和豆蔻碎

果这是发生在荷兰人垄断豆蔻期间，是有一定可能的。

早期美国是由旅行推销员进行服务的，正如祖父所写："当沃瓦托萨最初建立时，小型杂货铺还没有在这里诞生，当兜售锅碗瓢盆和一些稀罕物件，比如豆蔻和别的香料的篷车穿过我们那边的时候，简直就是一场令人惊叹的演出。当时一颗豆蔻卖五美分，德国太太们特别喜欢把它磨碎，用来制作甜点、蛋奶沙司、蛋奶酒，还有又甜又辣的圣诞节日特饮。"[1]

得知豆蔻的稀缺和高价之后，无良的销售人员一定不难发现，用木头雕刻的豆蔻可以带来高额利润。甚至有传言说，有个精明的奸商把木头豆蔻裹上石灰又卖回给荷兰人。

扭转游戏规则的法国人

皮埃尔·波微（Pierre Poivre），有一个和他的事迹相称的名字[2]，在一定程度上说，他是打破荷兰人的香料壁垒，把便宜豆蔻带到更多家庭中的人——或许也是一举消灭狡诈小贩的豆蔻骗局的人。然而，他的野心远大于美国的"豆蔻"商人。由于荷兰人垄断了利润丰厚的香料贸易，波微在其中看到了机会。他想要跑

---

[1]　他在后面还写着："秋天时，可以加一些到汤里，还有用新鲜康涅狄格苹果制作的苹果酿猪排。"

[2]　法文 Poivre（波微）翻译成英文是 Pepper（佩珀，姓氏，含义是经营香料者），这让他（Pierre Poivre）可以和彼得·派珀（Peter Piper）押个好韵。

到香料的源头，偷取种苗，突破荷兰人的封锁，把芬芳的香料宝贝儿的收益带回他的国家（当然同时还要充实自己的腰包）。法国当时也是殖民大国，拥有适合种植香料的热带岛屿，他们所缺少的就只有种子。

事实证明，这件事并不像把船偷摸开到一个荷兰人控制的小岛那样说得简单。波微尝试了几次都没能成功偷走种苗，尽管他还是逃脱了逮捕以及其他的后果。但是，他的梦想似乎不会离他而去。这些事情之后，他写了一本回忆录，讲述这段故事还有他的野心，然后被无动于衷的法国政府浇了一头冷水。不过，他的回忆录还是重新激起了他自己对这个项目的兴趣，并再次进行尝试。事实上，波微并没有继续回到海上，亲自参与那次成功偷走豆蔻种苗的探险。1770 年，他的手下们从一座看守没有那么森严的岛屿上偷到了豆蔻树苗。他们的成功应归功于热心肠的岛民，他们指引船员找到了豆蔻树的源头，并帮助船员把树苗偷运上船。经历了这么多年刑讯下的生活，岛民们渴望向荷兰人复仇。

切开和磨粉的豆蔻

丁　香

把豆蔻种苗安全装船之后，法国水手又在香料群岛尝试他们的运气，希望能够获得丁香种苗。再次感谢当地的岛民，他们又成功了。压迫引发骚乱，欧洲人对土著居民的残酷手段，一次又一次让他们失去了利润丰厚的垄断。

与荷兰人和葡萄牙人一样，法国人夺取了几个国家的控制权，压迫那些地方的人民，促进自己的贸易，其中就包括异国情调的香料。丁香被移植到毛里求斯的一个小岛，并繁殖出足够多的植株，然后传播到其他气候类似的法国控制地区。在马达加斯加、奔巴、桑给巴尔，这些植物迅速进入环境并繁衍生息。

在法国人打破荷兰人的垄断之后，香料历史上最丑陋的一章就迎来了尾声。不过欧洲强权依然为了其他理由继续占领和压迫，其资本主义的贪婪依然遗留至今。最让人难忘的是荷兰人的统治，因为他们的残酷，和他们为了确保控制的不遗余力。可悲的是，这个令人厌恶的时代在香料历史中大多被忽视了，荷兰东印度公司被奉为航海时代的一部分，而不是被视作经济目的的压迫力量。

花之香料

　　丁香是干燥的未开放的花蕾：仔细观察，能够看到茎（看起来像小号的木钉）、四个花瓣和顶部的软球（包含更多未开放的花瓣）。它们来自一种常绿乔木，这种树可以提供最多八十年的花蕾。花蕾越大，风味就越甜和柔和。个头越小，风味就越辣（就像辣椒，个头越小就越辣）。顶部比茎的部分更柔和也更甜，花瓣比顶部还要柔和和甜。由于丁香本身是一种风味强烈的香料，有时在家中研磨丁香时，顶部和花瓣的柔和风味会更受欢迎（研磨前把木钉折断去掉）。

　　丁香可能是最强力的香料了，一点点丁香就含有惊人的风味。我会看着估计或一下加够一些香料的量，比如肉桂，但是丁香，我会按照食谱仔细称重，极少（如果有过的话）会超量添加。丁香很容易就会遮住风味温和的香料。

　　丁香之所以如此强力，是因为丁香油中百分之八十以上的成分是丁香油酚，是它给丁香带来了独特的黄铜风味。[①] 这种化合物具有麻醉作用，在我还是个没什么特点的十六岁叛逆少年那会儿，往我拔去智齿留下的牙洞里填进的丁香衍生物，让我感到尊严大受伤

---

① 丁香油酚也少量存在于肉桂、豆蔻、罗勒和月桂叶精油中。

害（对我来说，反抗香料也就是反抗家庭），这件事让我日后倍感懊悔。我已经忍受了几天干槽症带来的痛苦，牙科医生还往我的生活里填进更多香料，看起来是在我的痛苦里加进了更多的不公。不过，丁香因其麻醉性能而被长期使用，是现代牙医中的一种传统。

与豆蔻一同，丁香、肉桂和小豆蔻通常被美国人归为烘焙香料。没错，南瓜派需要丁香，但丁香在中国五香调料中也必不可少，它为中国腌菜和肉菜添加了令人陶醉的风味。丁香也在烧烤调料和咖喱中发挥着作用，还是厨师喜欢分享的辣椒的"秘密成分"。丁香是最有趣的香料之一，因为它以独特的方式将清爽和热感结合在一起，既带来凉爽的麻感，也带来温暖的味道。有凉爽的香料（比如小豆蔻），也有温暖的香料（肉桂和姜），但只有丁香把两种风味合二为一。

完整的丁香

丁香的种类

如今，丁香仍然在其原生地——印度尼西亚的摩鹿加／马鲁古群岛生长，尽管它的分布范围已经远远超出当初法国人移植的区域。除了马达加斯加和桑给巴尔，巴西、印度、斯里兰卡和牙买加也种植及出口丁香。在美国买到的丁香通常都是最好的产品，个头较小也较纤细，可以榨油也可以磨粉。

摩鹿加／香料群岛（Moluccas/Spice Islands）：这种丁香通常是个头最大，也是味道最甜的。它们的颜色比锡兰丁香要深一些。

锡兰（Ceylon）：这种丁香来自斯里兰卡，保留了该岛以前的名称，锡兰。最好的锡兰丁香看起来应该是饱满的，颜色是比香料群岛丁香更浅的棕色，它们的味道不那么辣，但依然是高品质和高效力的香料。

马达加斯加（Madagascar）：马达加斯加丁香个头较小，但非常辣。世界上的大部分丁香是由马达加斯加供应的。

印度尼西亚（Indonesia）：印度尼西亚生产大量丁香，但大部分都留在了国内，用于制作丁香香烟，称为 kreteks，由两份烟叶和一份丁香制成。①

巴西（Brazil）：巴西丁香和世界其他大部分地方丁香的产品质量

---

① 2009 年的《家庭吸烟预防与烟草控制法》禁止了丁香香烟。该禁令受到印度尼西亚的挑战，2012 年世界贸易组织裁定反对这项法律，不过写作本书时它依然有效。

没有马达加斯加、锡兰和摩鹿加群岛的好。这种丁香是面向大型
食品公司采购和商业销售的。巴西丁香的效力不如前述品种。

饰钉火腿

完整的丁香很难自己研磨，我一般只在过节制作令人印象深刻的饰钉
火腿时使用它。关于复活节用丁香装饰的火腿，我找到了两种解释。其中
一个是，丁香代表耶稣被钉上十字架时使用的钉子。另一个是，在现代冷
藏技术诞生之前，火腿是在冬天制作的，而丁香是优秀的防腐剂。然后到
了春天，在复活节那个周日，带着丁香的火腿被端了上来。我倾向于相信
后一种解释，尽管丁香和钉子两个词之间的联系让前一种解释拥有了一定可
信度。

香球

制作香球（pomander ball）是一种节日传统，通常是在十一
月或十二月，外面非常寒冷时，在温暖的室内制作。蜷着身子坐
在桌旁，一边往橙子里面插着丁香，一边喝着热香料酒或苹果酒，
再惬意不过了。这项活动提醒着人们，英语中的丁香，来自法语

的钉子一词。① 我要补充一下，丁香其实不是做钉子的好料，它没有尖头，需要花好大工夫才能刺穿橙子结实的外皮。在你制作自己的香球时，可以先用图钉在橙子上扎一个孔，然后再插入丁香，这会让你的制作过程愉快很多。

Pomander 一词也来自法语（确切说是古法语）：*pome d'embre*，意思是琥珀苹果，用来帮助人增加对鼠疫的抵抗力。当时，各种香料被用于预防鼠疫，或者治疗被感染的人。瘟疫面具，戴上去人看起来就像一只长嘴的鸟，用来净化吸入的空气，鸟嘴里装着各种香料、香草和各种芳香物质，如龙涎香②、樟脑、树脂。通过呼吸芳香大杂烩，瘟疫的毒气就会失去作用，同时失效的还有脑瓜子。最初的香球和今日的有很大不同："携带一大块用混合香料加香琥珀或龙涎香，'可以抵抗恶臭的污秽气体'。"③

在十四世纪黑死病暴发期间,香球通常由柔软的树脂状物质(蜡是最常见材料) 混合或钉上香料制作，被放在金属或陶瓷容器中，挂在脖子上或系在腰带或腕带上。也有用掏空的水果制作的形式。一份流行于十七世纪的方子是"丁香插苦橙"。④

---

① 实际上，在很多语言中，丁香一词就是钉子的意思，或与之相关：西班牙文 *clavo*（钉子），俄罗斯文 *gvozdika*（钉子），意大利文 *chiodo di garofano*（花或康乃馨的钉子），拉丁文 *claus*（钉子),最古老的是来自中文的丁香。(《香料：诱惑的历史》, 179 页。)

② 龙涎香是一种蜡状物质，被认为来自抹香鲸的消化道。据《牛津食物指南》,它被用于调香，有时也被放到香料分类,"如果就是想给它找个分类的话"（744 页）。

③ 《香料：诱惑的历史》, 179 页。

④ 《香料：诱惑的历史》, 179 页。

图片中是祖父写的便条，可能是在二十年前。祖父经常会给祖母留便条，然后把它们当作书签，有时就夹在书里留作纪念。这张上写着："找天晚上我们要和双胞胎一起做丁香橙子。"（双胞胎指

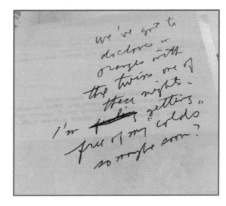

我们姐妹俩。）嗯，香球在这里就简单称为丁香橙子。

冒烟的主教

"圣诞快乐，鲍勃！"斯克鲁奇拍了拍鲍勃的后背，一本正经地说道。"鲍勃，我的好伙计，祝你比以往几年我祝你的加起来还快乐！我要给你加薪，还会帮助你处境不好的家里，就今天下午，我们在冒烟的主教旁谈谈你的事情，鲍勃！"

查尔斯·狄更斯（Charles Dickens）在《圣诞颂歌》（*A Christmas Carol*）中写到的冒烟的主教是什么？这种温暖的饮料，加上向鲍勃·克拉奇特支付更高薪水的承诺，代表了故事结尾埃比尼泽·斯克鲁奇被融化的心。冒烟的主教在狄更斯创作的年代是一种颇受欢迎的香料酒，于1843年问世。一年后，爱尔兰小说家查尔斯·利弗（Charles Lever）在他的作品《亚瑟·奥利里，在四处

的漫游与思考》（*Arthur O'Leary, his wanderings and ponderings in many lands*）中写道，经历了头天的烂醉，亚瑟在早上醒来，记不起前一天晚上的任何事情："我只能回想起那香料味的主教。"

1845 年，伊莱扎·阿克顿（Eliza Acton）的《现代烹饪全书》（*Modern Cookery, in all its Branches*）提供了一份饮料配方。阿克顿称其为"超好的法国配方"，要使用"一杯半葡萄酒杯"的水，三盎司的细糖，四分之一盎司的香料，包括肉桂、稍有磕碰的姜①、丁香。将它们混合在一起加热，直到形成"糖浆，无论如何不要把它点燃"。然后，加入一品脱波特酒，煮沸，就可以立即饮用了。阿克顿的注释："加入一两条切得非常薄的橙皮，可以给饮料带来主教的风味。"② 在法国，用波尔多淡红葡萄酒代替，经过调配的优秀地区葡萄酒非常宜人。③

1980 年，查尔斯·狄更斯的曾孙塞德里克·狄更斯（Cedric Dickens）出版了一本叫作《与狄更斯一起喝酒》（*Drinking with Dickens*）的书。在书中，他提供了另一个版本的冒烟的主教，这

---

① 阿克顿提到的"稍有磕碰"的姜应该是指小块的干姜，相比现在的姜，十九世纪的姜纤维更多也更结实。用木槌把干姜打碎，破坏了它的纤维，有助于释放风味。

② 其他人也有关于其名称来自形状类似主教法冠的潘趣酒碗的说法。还有一些别的饮料也有着教会相关的名字，比如加葡萄干的姜酒叫冒烟的执事，如果用香槟制作的话叫冒烟的红衣主教。（《英国维多利亚时代的食物与烹饪》[*Food and Cooking in Victorian England*]，154 页。）

③ 阿克顿还建议："用上述方法制作的雪莉酒、上等的葡萄干酒或姜酒，趁热搅拌进四个新鲜的蛋黄，你会发现它太好喝了。"

个配方是饮料和香球的结合。制作方法是这样的，先在烤箱中烘焙六个苦橙，等它们变成浅褐色后取出。然后，在每个橙子上插五个完整的丁香，再将其与糖和葡萄酒一起放入陶制的碗中，在温暖的地方放置整整二十四个小时。之后，将橙子在葡萄酒中挤碎，再一起过滤。加入波特酒，把它们一起加热，就是冒烟的主教了。"它不仅口味绝妙，"塞德里克·狄更斯写道，"而且药用价值也同样出色。你能直接感受到它的好处。从头顶（秃头的话会变成红色）一直到脚趾都暖乎乎的。"①

鸡尾酒历史学家戴维·旺德里奇（David Wondrich）在 2010年的《时尚先生》杂志中又给出了一个新的配方。他的饮品简单地叫作"主教"，十六到十八个丁香扎进一个橙子，烘烤至褐色，切成四块与糖、姜、豆蔻、多香果和一杯水一起加入一整瓶的红宝石波特酒，再用四盎司干邑增添一些苦味，一起慢煮。②

我的冒烟的主教的配方使用白兰地（如果需要的话，干邑也可以，虽然干邑是白兰地的一种），用红糖代替白糖，一点橙汁，橙皮，当然还有丁香橙子，其他的橙子，还有少量现烤的孜然，用来加强主教的烟。③

---

① 《与狄更斯一起喝酒》，54 页。
② "冬日的威士忌"（Whiskey for the Winter），《时尚先生》（*Esquire*）。
③ 完整的配方请见书末的附录。

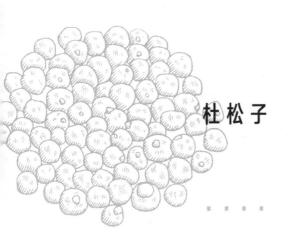

杜松子

在抵挡瘟疫和各种疾病的尝试中，香料和其他有香味的物品充当着核心角色。带有大号鸟嘴的瘟疫面罩，是为了给香料和药草留有足够空间，以便瘟疫医生可以吸入它们的香气。[①] 当年盛行的知识认为，这些浓烈的香气可以驱散甚至净化黑死病烟雾，因为香料仍然被当作药物来使用。在这些尝试中，通常都少不了杜松子。

杜松子实际上是在北美、欧洲和亚洲野外都有生长的刺柏属灌木的松球。如果在荒野中找到杜松子，那么也就找到了生火做饭的好材料，它的树枝可以把泥土香气带入烧烤或者熏制的食物中。和面具中的球果一样，气味宜人的针叶和细枝被用来驱散糟糕的空气，据说它们还被用来使病房中的空气变得"能够接受"，而在瑞士，天气寒冷无法开窗通风的时候，它们会被添加到加热教室的炉子

---

① 法国医生夏尔·德洛姆（Charles de Lorme）是发明这种面罩的人，他活到了九十四岁，他本人就是这种发明的活广告。

中。^① 大仲马在他的《美食词典》中写道："杜松子被认为拥有诸多优良特性，它可以保护大脑、增强视力、清洁肺部、通畅肠气，以及促进消化，"他神秘地继续道，"它还经常被用作药物。"^② 杜松子的药用可以追溯至古埃及，纸莎草纸的文献推荐使用杜松子来治疗绦虫病。^③ 迪奥斯科里德斯（Pedanius Dioscorides）认为，把碾碎的杜松子放在需要的地方，可以用来避孕。

　　大仲马可能是受到了英国药剂师尼古拉斯·卡尔佩珀（Nicholas Culpeper）的影响，后者撰写了大量关于植物及其健康作用的文章。卡尔佩珀在介绍刺柏的时候写道："描述这种众所周知的灌木没什么意义。"然后他列举了这种植物能够施展才能的诸多场合，比如，"首先，在各种提取物中，它是最令人叹服的抗毒药，对于瘟疫也同样有效：它可以极好地应对毒物咬伤，它的利尿效果也非常好……对于肠胃中的气或者胆汁，没有比杜松子油更有效的药方了……杜松子对于治疗咳嗽、呼吸浅短、痨病、腹痛、疝气、痉挛和抽搐极有好处。它给怀孕的妇女带来安全快速的分娩，还能极大地增强脑力。"^④

---

① 《香草和香料全书》（*The Complete Book of Herbs and Spices*），153 页。

② 《美食词典》，144 页。

③ 《金酒之书》（*The Book of Gin*），9 页。

④ 《英国医师，或关于这个国家大众草药的占星—医学论述》（*The English Physitian, Or, An Astrologico-Physical Discourse of The Vulgar Herbs Of This Nation*）。（这本书的书名并没有就此打住，感兴趣的读者可以尝试搜索。——译者注）

木之香料

如今，干燥的杜松子是一种被大多数人遗忘的香料，通常只在烹饪鹿肉等有膻味的肉类时才被用到。杜松子有其独特的木香，清新，带有树脂香，还有一点儿作为补充的辛辣，可以和野生的肉类很好搭配，以去除其膻味。杜松子也可以用于腌制猪肉、鸡肉和牛肉。在欧洲，杜松子通常被添加到各种肉酱（pâté）中，德国人有时把它加入德式酸菜。

祖母告诉我，杜松子还有另一种用途。这来自她的一位顾客，如果知道自己要喝不少酒，那么事先嚼上三颗杜松子。按照她的说法，这样并不会让人千杯不倒，而是减轻宿醉的痛苦。还有更多：如果没有事先嚼杜松子，而是要在第二天早晨解酒，则将杜松子压碎，像泡茶一样在热水中冲泡。这位女士向祖母保证这个方法的可靠性，多年来她的家人已经多次用于预防和恢复。（不过，她当时购买杜松子，是为了制作德式酸菜。）

杜松子通常作为调味料整粒使用，它会散发出浓郁的略带胡椒味的香气。可以像胡椒一样整粒在腌渍汁和泡菜汁中使用杜松子。圣诞节期间，在欧洲的一些地方，也可以在人们节日腌制牛肉的腌渍汁中发现它们。伊丽莎白·戴维（Elizabeth David）是一位多产的美食作家，她漫长的职业生涯中，大部分时间都致力于欣赏和复兴传统的英国菜肴。她有一个使用杜松子、黑胡椒、多香果和盐腌制牛肉的配方。[1] 牛肉要在香料和红糖制作的腌渍汁中腌制三个月。[2]

金酒和啤酒

杜松子由金酒中独特的松树香气而闻名。确实，这种酒的主要风味仅来自杜松子，尽管通常也会添加其他调料。美国的金酒法规要求金酒必须是通过蒸馏或再蒸馏方式制造，并且至少要有八十标准酒度，而欧盟的规定则明确了杜松子在金酒中的重要性。欧盟法规首先为金酒定义，"一种杜松子风味的烈性酒精饮料"，并要求金酒生产中使用的调味剂"以杜松子为主"。[3]

在词源学上，金酒（gin）也可以追溯至杜松子（juniper）：它是 *geneva* 的缩短和改写，而 *geneva* 是"已弃用的荷兰词语 *genever* 的改写，字面意思就是杜松子，可从中世纪荷兰语，追溯至古法语 *geneivre*，最终到拉丁语 *juniperus*"。[4]

在金酒于十六世纪末十七世纪初诞生之前，杜松子就被用来为饮料调味。早在大约十四世纪，斯拉夫人就在饮用一种叫作波洛维

---

[1] 《英国厨房中的香料、盐和调料》（*Spices, Salt and Aromatics in the English Kitchen*）。

[2] 《牛津食物指南》，743 页。

[3] 欧洲议会和委员会第 110/2008 号条例第 20 号，附件 II，烈性酒，"金酒"和"蒸馏金酒"。

[4] 梅里亚姆—韦伯斯特网站（Merriam-Webster.com）。

奇卡（borovička）的杜松子白兰地，而芬兰人在十六世纪甚至更早的时候，使用杜松子而不是啤酒花来给他们的索提（sahti）啤酒调味。[1] 在东欧的一些地方，依然还能找到布林涅维茨（brinjevec），但主要用于医疗。这种烈酒是由杜松子直接发酵和蒸馏制成。[2]

香料利口酒
• • • •

香料、香草和酒精的关系一直都不错。不过很少有利口酒是由单一成分定义的，就像杜松子之于金酒。单一的主导成分通常出现在调味利口酒中，它们的糖含量通常比一般利口酒要显著的高。在这些酒中，风味是在蒸馏过程后注入或者简单添加的。虽然有些产品会使用完整的香料或者优质的提取物，但绝大多数用的是合成香精或者糖浆。常见的基本成分是伏特加和白朗姆酒，尽管理论上也可以使用其他烈酒：不难找到肉桂风味的伏特加、朗姆酒、威士忌、白兰地和龙舌兰酒。

香料利口酒制造商经常吹嘘其中所含成分的数量，同时却又含糊其词。廊酒（Bénédictine）以含有二十七种香草和香料而知名，尽管仅有二十一种得到确认。加利安奴（Galliano）号称含有大约三十种成分，而野格（Jägermeister）直接列出了五十六种，但在详细信息中二者都少于十种。女巫（Strega）含有大约七十种芳香成分，其中一种是番红花，使

---

[1] 《金酒之书》，8 页。

[2] 《金酒之书》，11 页

这种利口酒呈亮黄色。优胜者是沙特勒斯（Chartreuse），女士们先生们，一百三十种，尽管其中大多数是植物或者植物提取物，而不是本书所讨论的香料和香草（还有，他们声称只有两名修士知道其中所有的植物成分）。

还有一些带有更具体的风味特征，如阿拉希酒（allasch：葛缕子、扁桃仁、当归），菲奈特酒（fernet：番红花、小豆蔻、洋甘菊、没药）和顾美露酒（kummel：葛缕子、孜然、茴香）。广东（Canton）[1] 是一种以蜂蜜调味的姜利口酒，无论是否用到了他们之前吹嘘的六种不同的姜，新配方的重点是糖渍姜芽。如果商品标签上只是简单地印刷着"香料"，而没有具体信息，那么你遇到的可能是八角、肉桂、小豆蔻、丁香和／或香草的某种组合，特别是香料朗姆酒。

---

[1]　这是一种 2007 年开始生产的美国利口酒，还有个法国味的名字（Domaine de Canton French Ginger Liqueur），没想到吧。——译者注

树枝上的杜松子

澡盆里的金酒

颇具讽刺意味的是,《禁酒令》将不少美国公民变成了违法私
酿者, 其中就包括酿造啤酒的祖母的妈妈 ①, 还有制作澡盆金酒的
祖父的爸爸。遗憾的是, 这个配方已经随着时间遗失了, 不过它
的故事流传了下来 : 阿尔·卡彭的人会到密尔沃基找曾祖父威廉
拿金酒, 带回芝加哥卡彭的私人酒吧。可能是因为私酿金酒是违
法的, 还有卡彭办事的保密能力, 我没能找到什么东西证明这件事,
关于曾祖父最爱的澡盆金酒, 信息很少。

如果故事属实, 卡彭的金酒口味并没有很高, 当年绝大多数金
酒不如今天的这么烈。相比其他酒, 金酒更容易在家制作, 因为
它不需要在橡木桶中陈酿, 这对于禁酒令时期的私酿者非常重要,
因为他们没有制作威士忌所需的时间和费用。在其便利的另一面,
自制的金酒普遍味道糟糕, 为了让酒能够下咽, 有必要添加味道
强烈的配料。不过幸运的是, 金酒的特性使得添加一两种配料以
掩盖不良的味道 ②, 并不是一件困难的事, 这也是众多鸡尾酒被发
明一直享用至今的原因。如果不是禁酒令, 金酒可能也不会如此

---

① 在一次圣诞期间, 曾祖母沿着一条积雪的街道运送一批货, 她把啤酒放在
Radio Flyer 儿童四轮马车的下层, 用毯子盖住, 她的两个孩子坐在上层。这
时一个警察走近, 她告诉自己一切没有问题, 但是警察注意到她沉重的马车
被排水沟卡住, 就过来帮她把马车拉了出来。然后他就走了。

② 《蒸馏威士忌和其他烈酒的技艺》(*The Art of Distilling Whiskey and Other Spirits*),
74 页。

兴旺。今天，美国是世界上最大，也是最具热情的金酒市场。[①]

在家自己制作金酒很容易。最基本的做法是将杜松子浸泡在伏特加中，杜松子赋予伏特加其标志性的松树香气，完成。实际上，制作金酒还需要其他材料，其他香料和柑橘通常会被添加，如果是你自己喝，完全可以按照自己的口味添加。茴芹籽、葛缕子、豆蔻、肉桂、桂皮、茴香籽、小豆蔻、孜然、多香果、芫荽籽、八角，基本上所有完整的香料都可以用上。干香草也可以使用。通常在伏特加同杜松子及混合香料陈放之后，再添加柑橘。最后，你就会得到满溢松香的金酒。

制作方法

不需要澡盆或者蒸馏器就可以在家制作金酒。不同于商业金酒制造商以蒸馏法进行提取，你可以浸泡这些植物。这样制作的金酒不会像商店里的那样清澈，但除此之外，其他都很好。

1. 用沸水给玻璃容器消毒。将沸水倒入玻璃罐子并冲淋盖子，然后把水倒掉。我建议多备几个罐子，用来尝试不同香料和植物的组合。

2. 在罐子中放置香料。添加两汤匙杜松子，以及少量你想使用的其他完整香料。

---

① 《蒸馏威士忌和其他烈酒的技艺》，77 页。

3. 倒入伏特加，覆盖香料，在顶部留下一英寸左右的空间。盖紧盖子。

4. 将装有伏特加的罐子放到阴凉、在接下来二十四小时不会有危险的地方。

5. 添加橙皮和柠檬皮，但是只加硬皮，不要软皮。软皮是苦的，你不希望这个味道跑到酒里。盖紧盖子。

6. 再次把罐子收好，保存二十四小时，但不要更长时间。

7. 用筛子滤去香料，然后再用粗棉布或咖啡过滤器去掉细小的颗粒。让酒静置两天。

8. [可选] 或者，如果味道尚不如你所愿，过滤后加入更多香料，再静置二十四小时。重复前述的过滤程序。

9. 让滤去香料的酒静置两到三天。

10. 用粗棉布或咖啡过滤器再次过滤。

11. 享用加汤力水的金汤力，或其他鸡尾金酒。

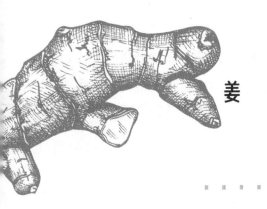

姜

　　每天早上到祖父母的店里工作时，就会看到店门上的欢迎语："请记住，每天来一点点姜，保持心的温度。"这些门玻璃上的漂亮红字，引用自《一千零一夜》（也被叫作《阿拉伯之夜》），这本书的文字间飘着香料的味道，它是祖父的最爱。尽管大多数古代文化都以奇异和无效的方式使用香料，但姜也许是唯——种让现代医学理解和古代用法达成和解的香料。

　　古希腊名医迪奥斯科里德斯向人们推荐了姜，因为它对胃和消化的益处。迪奥斯科里德斯还称姜为解毒剂，即使他对于姜能够缓解恶心的理解是正确的，但是就和其他所有古老的建议一样，你应该多加一些盐（保持怀疑）。姜的药用至少可以追溯至孔子生活的年代，孔子在《论语》中讨论食物时提到了姜："不撤姜食，不多食。"[①]

　　姜汁汽水可能是用香料制作的最著名的饮料，因此，平时我们

---

① 《论语》，乡党篇。

经常忘记欣赏这种香料带来的温暖和香气。姜汁汽水是用来缓解胃部不适的好饮料，虽然很多香料都被各种保健功效和健康时尚包围，但对于姜，我可以说它不仅不是徒有虚名，而且足够迅速。当恶心来袭时，找些姜汁汽水，或者糖渍姜块更好。[①]

在迪奥斯科里德斯的时代千余年之后，香料传到了英国，并被古英语文献记录了下来。1290 年，为了确保儿子的婚事，国王爱德华一世的船只航向挪威，船上载着来自英国的硬货（啤酒、豆子、坚果和面粉）和各种稀有物资，以彰显国王的财富、影响和力量。这些货物包含姜、姜饼、胡椒、莪术[②]、无花果、大米和葡萄干。[③]姜饼的制作可以追溯至中世纪，虽然昔日的姜饼被描述为"稠糊状"[④]，而不是今天熟悉的样子。

女王、沙皇、人民的姜饼

我只在十二月制作过姜饼，作为一种圣诞传统，也是一个以装饰姜饼屋为借口来买和吃糖果的机会。我童年时的姜饼屋上有厚厚的糖霜胶和威化瓦片，这种小屋子和雅克·杜歇（Jacques Duché）

---

① 《香料之书》，246 页。

② 莪术是一种姜科香料，尝起来会让人想起姜，但味道比姜更苦。它在欧洲曾经是一种流行香料，但如今在西方已经失宠数百年。在今天的印度、印度尼西亚、泰国和其他南亚国家，莪术依然作为香料在使用。

③ 《香料：诱惑的历史》，132 页。

④ 《香料：诱惑的历史》，113 页。

的比起来可真是些笑话。巴黎商人雅克·杜歇在 1400 年制作了一个可以容人走进的姜饼屋，上面装饰着珍贵的宝石和香料（也不便宜）。① 今天，他的手艺已经成为旧金山的一个传统，该市的费尔蒙酒店每年会在酒店大堂建造一个壮观的、真实尺寸的姜饼屋。它要使用 10250 块姜饼砖、3300 磅糖霜和 1650 磅糖果。②

不过，姜饼并不只是被拿来建造让人难忘的建筑，伊丽莎白女王用"别致的"的姜饼满足她著名的甜食嗜好。③ 大众也可以买到便宜的"普通"姜饼。④ 对姜饼的热爱也被可爱地浓缩进了莎士比亚的戏剧《爱的徒劳》："就是我在这世上只剩下一个便士，也要把它给你买姜饼吃。"几十年后，沙皇阿列克谢在宣布彼得（日后的彼得大帝）出生后收到了超过一百块姜饼。据称，有的姜饼重达两百磅，被做成一些俄罗斯象征的形状，如帝国鹰和莫斯科纹章。⑤

海事顺利

文艺复兴时期，艺术、科学和文学飞速发展，带来了很多新发

---

① 《香料：诱惑的历史》，131 页。
② "用超过一万块甜点砖建造真实尺寸的姜饼屋"（Building a Life-Sized Gingerbread House Takes Over 10,000 Cookie Bricks），《秘境舆图》（*Atlas Obscura*）。
③ "香料汇编"（A Glossary of Spices），8 页；《香料之书》，247 页。
④ 《香料之书》，247 页。
⑤ "你应该了解的关于姜的事情"（What You Should Know About Ginger），2 页。

现，如坏血病的原因，一种恼人的海上疾病。远海上缺乏维生素 C
的生活会导致海绵状牙龈、牙齿松动，甚至死亡，但直到十八世
纪四十年代初，人们才发现坏血病和饮食之间存在联系。真希望
英国人知道中国水手在公元五世纪就知道的事情。中国船只会带
着活姜出海，因为吃姜可以使水手免遭坏血病之苦[①]，尽管他们不
清楚应将此归功于姜含有的维生素 C。

1747 年，一位名叫詹姆斯·林德（James Lind）的海军外科医
生进行了一项实验（科学方法再次流行起来），并得出结论，吃下
柑橘的船员可以从坏血病中恢复，回到工作岗位。[②] 英国水手被称
作"limeys"，因为他们吃的是青柠（比柠檬便宜），这个词至今仍
被使用。[③] 大约同一时间，荷兰人发现德式酸菜是对抗坏血病的有
效食物，德式酸菜也含有维生素 C，更重要的是它易于保存。詹姆
斯·库克（James Cook）船长曾尝试让他船上的英国官员吃德式酸
菜，但很难说服他们吃下发酵的卷心菜。[④]

英国人从来没有把姜当成航海的一部分，但是在家的时候，他
们还挺喜欢姜的。十九世纪第一个十年晚期，一股风潮席卷了英

---

① 《牛津食物指南》，707 页。
② 他于 1753 年出版了他的作品《坏血症论》。这一突破性研究被认为是英国
  能够阻止拿破仑的舰队突破海上封锁的关键原因：英国皇家海军得以在海上
  停留更长时间，而没有死于坏血病。（安德鲁·乔治［Andrew George］，"英
  国人如何用柑橘打败拿破仑"［How the British defeated Napoleon with citrus
  fruit］。）
③ 《牛津食物指南》，707 页。
④ 《牛津食物指南》，707 页。

研磨成粉的姜

国各地的酒吧，盛一杯艾尔啤酒，把姜撒在上面，然后夸张地往杯中放入一根烧红的铁条。[①] 这种带有表演性质的制作方法被认为将啤酒中的糖焦糖化，给啤酒带来了细致、浓郁的口感。那姜呢？姜一直被视作一种"暖"香料，也许把姜添加到一杯即将放入铁条的啤酒中，会让十九世纪的酒保觉得很符合情理。

剥姜根

我不会用去皮器给姜去皮，我用锋利的厨刀切掉外皮。我希望大家都知道这是一个选择，在厨房里，相比刀或其他器具，我被去皮器弄伤的次数更多。去皮刀很难在姜这种歪扭又多节的东西上灵活使用，对于握住姜的那只手，另一只拿着去皮刀的手可是

---

① 《香料之书》，247 页；《香料：诱惑的历史》，113 页。

莫大的威胁。[1] 在厨房里准备食物时不伤到自己的一个窍门是，把食物稳固住再切。你可以用刀给姜制造一个平面（至少是能稳得住的形状），然后将平面朝下放，小心别切到自己。[2]

....

高良姜，被遗忘的根茎
. . . .

　　高良姜有几个不同的品种，和它们的表兄姜非常相似。两者同是姜科（小豆蔻和姜黄也是）的根茎，不过高良姜带有类似又不同的香气和味道，姜更甜，但高良姜带有柑橘香。根茎看起来像根，所以经常被误解，就比如姜"根"。根茎是一种茎，但行为像根，根茎沿地面缓慢生长，常常部分没入地下。根茎与根不同，因为根茎仍然起茎的作用，既发根又发芽。高良姜（galangal）有时会被叫作野姜（wild ginger）或泰国姜（Thai ginger），有时会拼写为 galingale。特别是在东南亚，有一些咖喱中需要这种香料。预制的泰国咖喱粉和印度尼西亚咖喱粉中通常含有高良姜。

....

_____

① 我曾经在给苹果去皮的时候削掉了一小块手指。我不得不把之前削好的苹果扔掉，因为我找不到那块肉。

② 虽然在中国做饭通常不会特意给姜去皮，但是对于这样一种埋在土里、外形复杂的作物，多这么一道程序并不为过。按照美国疾病控制与预防中心的建议："即使不算吃皮，也要在流水下冲擦水果和蔬菜。在切开时，皮上的细菌会进入水果和蔬菜内部。"——译者注

姜的种类

　　没人知道姜的起源。虽然姜科的成员遍布东南亚绝大部分地区，但从未发现它们在野外生长。[①] 虽然美国的姜种植越来越多，并且在许多农贸市场都有销售，但美国消费的大多数姜都来自印度和中国。这两个国家都有数千年的姜种植和处理经验，这是一件好事，因为姜是一种需要真正的技术才能正确处理的香料。姜不容易种植，而且很难让姜干燥而不发霉，因为刚收获的原材料根茎非常潮湿。在过去，通过化学处理来防止姜发霉。如今，有了更好的加工技术（以及将此类化学品认定为非法的国家），无须在化学药剂中浸泡就可以得到优质的干姜。但是还是需要注意，如果你正在买的姜很便宜，闻一闻有没有霉味。

　　刚采摘的姜呈节状，几根连在一起，就像有粗壮手指的手。经过收获和处理，姜会被制成干姜，也被称为姜"根"，这就是姜粉之前的样子。经过研磨，姜粉会慢慢失去味道，虽然需要几年味道才会散失到无法使用。整块的干姜可以一直保存，你可以装一些在桌上，作为装饰，在需要的时候再研磨，也可以将其泡发成接近鲜姜的状态（接近到足以在紧急情况下替换使用，至少）。要泡发干姜，请将其浸泡在水中一个小时。

印度姜（Indian ginger）：世界上的大部分姜来自印度。它有标准的

---

① 《香料》（*Spices*），392 页。

姜的香气，比起中国姜味道更暗，泥土味也更重。

中国姜（Chinese ginger）：中国姜比印度姜的味道明亮，带有刺激的柠檬香。一级产品是轻质且少纤维的，通常都会在标签上写明，而且要比二级的贵不少。最高级的中国姜可以说是世界上最好的姜。中国姜可以用于印度菜，而印度姜在中国菜中也可以很好地发挥，但由于明亮、较少泥土味的特点，所以中国姜更适于烘焙。

牙买加姜（Jamaican ginger）：如今，牙买加姜在美国市场的份额并不大，但它曾经是市场主流，而且产品口碑不凡。牙买加姜比其他地方的产品贵，这主要是因为其产量比印度和中国要低，而且昂贵并不一定是品质的保证。①

澳大利亚姜（Australian ginger）：美国大部分的糖渍姜来自澳大利亚。相比起今日的产品，老式糖渍姜可以说是非常不同，它纤维多，非常结实。如今，澳大利亚的姜农开始在姜更嫩的时候收获，同时种植纤维更少的品种，这成就了作为现今基准的软嫩易嚼的糖渍姜。这种糖渍姜一直很受大众欢迎，澳大利亚也一直占领着这个市场。

———————————

① 不少其他国家也种植姜，但他们很少能种植足够（数量和质量）出口到国外的姜。

糖渍姜

为了制作糖渍姜，需要煮沸鲜姜并加糖，或者在糖浆中煮，糖在这里充当防腐剂。老式的糖渍姜没有使用嫩姜，所以纤维很多，非常耐嚼。这让吃糖渍姜的人更多是啜而不是嚼。在美国之外，仍然可以买到这种产品。

糖渍姜有不同大小可以选择，它们吃起来都没有什么问题。有些人喜欢小块的，因为糖的比例更高，而另一些人出于相反的原因而喜欢大块的。小块的比较适合烹饪，容易混入曲奇面团，给什锦杂果增加辣的元素，在格兰诺拉麦片中增添令人兴奋的甜和辛辣。

神秘成分

姜能够以各种形态发挥作用。无论是新鲜的、腌制的、糖渍的，还是干燥的、磨粉的，姜都能释放大量风味，让它经常在口味上占据支配地位。每当吃到姜为主导风味的食物时，我都会想起为什么传统上认为姜是一种"暖"的香料。在烘焙中使用，姜能带来甜和热。含有大量姜的曲奇和派，会让人同时感到甜和辣。姜味冰淇淋也是如此，口味是热的，但舌头是凉的。姜和乳制品也是绝配，特别是奶油，把姜粉混入掼奶油就可以展现奇迹。

姜也能给辣味菜品带来同样的热和强烈的口味，如咖喱和中式的面条与蔬菜。姜会使与之接触的所有食材变得活跃，并使菜肴的每个部分都充分发挥作用。南瓜派香料和中国五香粉中都含有姜，它的多面性令人惊叹。烹煮鱼时，它可以消除腥味。用在水果，比如李子上时，它能增添明亮的、接近柑橘的特征。

　　姜是烘焙和烹饪的真正朋友。它可以像在姜饼中一样，作为单独的风味。在结合其他香料一同使用时，它也是非凡的存在。姜的力量在于，它能够提亮菜品的口味，以及补充其他食材的风味，如同一个能够融合菜品风味的、被低估的神秘成分。

糖渍姜

小豆蔻

与姜一样，小豆蔻在和其他香料搭配时效果绝佳。两者都能在极大地提升风味时，而不去争夺功劳，两者都可以作为风味的基础，让更多香料的风味得到展现。小豆蔻可以和肉桂快乐地在一起，肉桂的风味可以平滑地凸显，在这点上小豆蔻也与姜一样。今日，很多人都知道印度奶茶（chai）①，这种香料红茶已经融入美国主流饮食，这应归功于遍布各个城市的咖啡连锁店。在印度，"chai"一词简单地指任何一种茶，在这边则变成了对一种特定口味的称谓，而不是具体的调制方法。制出这种味道很大程度上取决于小豆蔻、肉桂、黑胡椒、香草，还有少量的丁香和豆蔻。

在我从大型连锁咖啡店购买印度奶茶之前，祖父母就曾带我制作过一种小豆蔻奶"茶"。我们在用来混合香料的大碗里，将奶油、糖和大量小豆蔻混合。我在祖父母郊外宁静的房外把食材搅拌均

---

① 准确的名称是玛萨拉茶（masala chai），意思是"混合香料茶"。在很多咖啡店中被叫作奶茶（chai latte），说明了其中的打发牛奶，和拿铁咖啡（café latte）一样。

匀，然后让它们在屋外静静躺上一晚，不加盖，因为这种乳制品混合物只有在满月的沐浴下才能完成，祖父还曾把它们放在蓝月 [①] 之下。如果月光可以装进瓶子存起来，在需要的时候撒在食物上、加进茶里，那么它的瓶子一定会放在小豆蔻的边上。

我问祖母，为什么这些东西会有如此特殊的待遇，祖母告诉我这与印度茶有关。浏览香料店的电脑资料时，我发现了一篇文章，名叫"伊娃、凯蒂和卢卡斯想出来，将要制作的"，里面的内容是关于泰姬陵香料的，做法是"混合香草糖、番红花、小豆蔻和月光，再加奶油和杏仁粉制成"。祖父的笔记以有趣的意识流风格继续着，比如在店铺的网站上："获月之夜是制作食物的最好时机吗？基于相信月亮会带来某种美好品质的古老观念，是的，也许月亮给乳制甜品带来的是一种风味。"

闯荡世界

就连枯燥的《用于食品工业的香料和香草》也为小豆蔻而多写了几句实用性文字，"小豆蔻是世界上最重要也是最有价值的香料之一。" [②]《伯恩斯·菲尔普香料之书》写道："在印度，[小豆蔻]被称为香料皇后，仅次于香料国王，胡椒，由于在经济上的重要

---

① 蓝月是日历中的一个月里的第二次满月，是个稀罕的事情，所以就有"蓝月当空时"（once in a blue moon）的说法，用来表示某件事千载难逢。

② 《用于食品工业的香料和香草》，47 页。

性。"① 它的香气无疑也符合皇室，强劲、甜、接近柑橘，既清凉又温暖，以及带有一丝刺激的明亮，可以给咸味和甜味菜品带来欢呼。如果使用不当，会显得粗鲁，如果使用过量，会压制其他味道，但是用量合适的话，和其他香料朋友合作，小豆蔻可以提升任何一位伙伴。

从那时起，普通美国人肯定会发现，小豆蔻的地位被降低了，但美国之外的很多人仍然很重视小豆蔻。除了我们这个版本的茶，美国人还有别的熟悉小豆蔻的机会，比如法兰克福香肠或其他德国香肠，以及真正的丹麦糕点。在斯堪的纳维亚国家，小豆蔻被用于烘焙，就像我们使用肉桂一样。我们咬肉桂面包，斯堪的纳维亚人嚼小豆蔻面包。小豆蔻的风味渗入各种包、卷、圈、糕、饼。在瑞典、丹麦、挪威、芬兰和冰岛，烘焙时都大量使用小豆蔻，但并不止于甜食：小豆蔻还被加入汉堡和肉卷。瑞典人最爱小豆蔻，他们的人均消费量比美国高百分之六十。②

不过，小豆蔻只来自两个地方：印度和危地马拉。小豆蔻原产于印度，直到二十世纪三十年代，印度一直是小豆蔻的唯一出产国。之后小豆蔻被引入危地马拉，那里的种植条件非常有利，到二十世纪八十年代，危地马拉的小豆蔻产量和出口量已经超过印度。③

---

① 《伯恩斯·菲尔普香料之书》(*The Burns Philp Book of Spices*)，38 页。
② 《黑胡椒和小豆蔻的经济和农业》(*Agronomy and Economy of Black Pepper and Cardamom*)，290 页。
③ 《黑胡椒和小豆蔻的经济和农业》，296 页。

危地马拉出口量暴增的一部分原因是，这种香料不是危地马拉美食的一部分，所以几乎没有被留在国内。印度的情况则完全相反，国内对小豆蔻的需求量巨大，因此大部分产品根本没有机会离开。

在印度，小豆蔻为咖喱、拷玛和其他酱汁与菜品，以及甜食如布丁和米糊提供了令人兴奋又陶醉的风味，有时还会添加到奶酪中。印度人还会在两餐之间嚼一些小豆蔻来清新口气。印度的小豆蔻品质更好，价格也更高，比起危地马拉的，风味更强和饱满，尽管危地马拉的小豆蔻也是令人满意的。

小豆蔻的种类

小豆蔻是姜科植物的干燥种荚。[①] 小豆蔻可能是最令人困惑的香料之一，因为它有很多种形式：完整种荚、完整种子和研磨成粉（研磨的只有种子，而不包括种荚）。再加上可供选择的三种颜色：黑色、绿色和白色。

绿色小豆蔻种荚：绿色种荚的形状是两侧偏锥形的椭圆形，闻起来并没有太多味道。用手指打开种荚就会发现浅褐色的种子和独特的小豆蔻香气。当食谱要求使用绿色小豆蔻时，可以打开种荚并把它放进锅里，然后捞出空壳，就和使用月桂叶时一样。有时，食谱会要求你研磨整个小豆蔻种荚，但是我发现总是会剩下来自种

---

① 香料间充满了奇怪的联系，比如肉桂和月桂叶的亲戚关系。

荚的细丝没有被磨碎，所以我选择从种荚中取出种子，或者索性就那么留着种荚，稍后再找它们。（如果你没找到它们也没事，当你吃到它们的时候，感觉会很明显，你可以吐出它们或者干脆吃掉，因为它们柔软且可以弯曲，和扎人的月桂叶很不一样。）

白色小豆蔻种荚：白色小豆蔻种荚仅仅是绿色种荚经过了漂白。部分斯堪的纳维亚国家将白色种荚视为标准小豆蔻。一位来自斯堪的纳维亚的顾客曾经告诉我，它们远远好于绿色的小豆蔻。漂白的小豆蔻到底有什么厉害的地方？首先，漂白会使味道变醇，通常是更强烈和刺激。其次，只有最好的绿色小豆蔻会被选出来进行漂白。造成的结果是，白色的小豆蔻种荚更胖更圆，里面的种子颜色更深也更饱满。[1]

黑色小豆蔻种荚：黑色小豆蔻实际上是棕色，而不是黑色的，并且和绿色（还有白色）小豆蔻不是一回事，是来自同一植物科的亲戚。黑色小豆蔻的味道非常不同，厚重，带有烟熏味，接近胡椒的风味。黑色小豆蔻可以用作烘焙香料，并适合于咸味菜品，如炖菜、米饭，和香料裹肉。黑色小豆蔻还是格拉姆玛萨拉（garam masala）[2]的必备成分，尽管在你需要时最好单独使用它。我喜欢在河粉中添加它温暖的特质。

---

[1] 漂白过程是怎么来的？母亲假设，这是一种防止小豆蔻繁殖的方法，类似荷兰人用石灰和柠檬酸处理豆蔻。有人说漂白使种荚更容易打开，但以我的经验看，这并没有产生什么区别。再说了，这就是玻璃调味瓶的用武之地：砸开小豆蔻荚。

[2] 辣味混合香料，直译。——译者注

小豆蔻粉：小豆蔻粉会很快失去风味，所以，明智的做法是尽快把它们用完，确保在两次使用之间把它们存放在干燥、避光的地方。研磨或者烘烤新鲜的小豆蔻会让备餐过程花费更多力气，但是如果你有这个时间，这样做其实很值得。用于烘焙时，研磨是必须的，你肯定不想面团里有大块的种子。小豆蔻粉也用于中东和印度菜品，特别是咖喱和茶。我喜欢我的奶茶中有很冲的香料味，如果没有小豆蔻，就达不到这种程度。以烘烤小豆蔻种子作为制作咖喱的第一步，会让菜品中充满令人陶醉的风味。

小豆蔻混合

在中东和整个非洲，小豆蔻被广泛使用于各种菜品，往食物里添加小豆蔻是非常随意的事情，就如同黑胡椒对于美国人。在这些地区，小豆蔻在一些调味料中起着至关重要的作用，其中就有北非综合香料（ras el hanout），直译过来的意思是"镇店之宝"，彰显着它在综合香料中拥有最好的品质和最高的价格。这种调料是摩洛哥菜中的重要角色，在许多国家都能找到。与其他广受欢迎的混合香料一样，它的配方因地而异、因人而异。配方可能包含十几到二十几种香料，通常包含：小豆蔻、黑胡椒、盐、干菜椒、姜、豆蔻、豆蔻肉、丁香、薰衣草、肉桂、白胡椒、姜黄、辣椒粉、番红花、茴香。北非综合香料通常被用于烤肉和蔬菜、饭类菜肴、汤和古斯米（couscous）。它可以与油混合制成腌渍汁，或者与酸奶混合作为蘸料。

巴哈拉特（baharat），在阿拉伯语中就是香料的意思，是另一种类似的以小豆蔻为主的混合香料，里面还包含芫荽、茴香、黑胡椒碎、辣菜椒、丁香和肉桂。混合好的巴哈拉特带有温和的辣和一点点甜，可当作通用香料来使用。它鲜艳的红色可以让菜肴呈现出令人愉悦的橙色调。一点巴哈拉特可以给炖菜、调味汁、米饭、小扁豆、蔬菜和肉类增添风味和色彩。

哈瓦伊（hawaij），是一种也门混合香料，通常包含小豆蔻、姜黄、孜然、芫荽、丁香和黑胡椒碎。它在被用于汤类菜肴以及腌渍肉类时表现绝佳。这个名字也被用在另一种混合物上，由小豆蔻、肉桂、姜、茴芹和茴香制成，被用来调入咖啡。如果你喜欢香料茶，应该会乐意加一两匙甜甜的哈瓦伊到你的早茶中。

对于其他各种口味的阿拉伯咖啡，小豆蔻都是必不可少的香料，有些食谱要求小豆蔻粉和咖啡粉等量，甚至更多。阿拉伯咖啡豆的烘焙程度较浅，这让咖啡的风味更偏向香气，也更有劲（咖啡豆被烘焙得越久，咖啡因就会散失得更多）。根据个人口味，可以继续添加少量其他香料，如番红花、丁香、姜、蔷薇水或橙花水。这种饮品的风靡，使沙特阿拉伯成为全球小豆蔻第一消费国。①

———————————

① 《黑胡椒和小豆蔻的经济和农业》，298 页。

种子 I

茴香 / 茴芹 / 八角 / 葛缕子 / 芫荽

就像小豆蔻，许多香料都是植物的种子。通常，香料来自植物进化中的独特策略：一些植物，比如肉桂，进化出了辣味，用来阻止食草动物咀嚼它的树皮或啃食它的树根。在植物进化其不可食用或吃起来不美妙的外皮的同时，它们也在繁衍和传播上尝试各种方法。这就是那些带着种子的水果通常如此美味的原因，当动物遇到草莓，就会吃掉它，晚些再拉出来，种子就成功传播了。荷兰人就在这里被上了一课，他们试图把豆蔻的生产限制在几座小岛，鸽子带走了果实，果实安全地包裹着豆蔻种子，豆蔻就这样离开了荷兰人的控制范围，自然一如既往地传播着种子。

光果甘草的亲戚们

八角、茴芹①和茴香都是带有类似光果甘草②风味的香料种子。尽管这种不会弄错的香气将它们与后者联系到了一起，但这些香料其实来自在植物学上不那么相关的不同植物。它们独特而强烈的风味让人爱恨分明，这似乎和光果甘草的刺激味道没多少共同点。

也许是因为拥有如此强烈的香气，让光果甘草和类似的香料在药用上有了漫长的历史。在大吃大喝之后，罗马人会再塞下一个茴芹蛋糕来帮助消化。③按照普林尼的说法，它除了助消化还可以改善口气——如果你刚刚吃完一席，这也算另外一个好处。历史的遗产在各处流传，比如狗粮。茴芹、茴香，还有光果甘草都是我们喂给宠物的肉类加工狗粮配料表里的常客，制造商声称它们有助消化，并且狗狗喜欢它们的味道。在类似的地方，格雷伊猎犬赛跑用的假兔子通常被覆以茴芹油或茴芹的味道（鱼饵制造商有时也用它吸引鱼）。

虽然光果甘草的几个超远房亲戚乍一闻都很相似，但细致的实验可以揭示它们之间的不同，尤其是茴香。把八角放在最后，它

---

① 在英文中，anise 和 aniseed 是指同一种植物：茴芹（*Pimpinella anisum*）。它与八角（star anise）相似但不相关。更令人困惑的是，希腊人所说的 anison，指的是莳萝，它的关联性更要遥远。
② 光果甘草（liquorice）又称洋甘草，和甘草（Chinese liquorice）同为豆科甘草属的植物。——译者注
③ 《香料之书》，113 页；《香料的传说》，144 页。

完整和经研磨的茴香

的味道太强，会让鼻子混乱。从茴香开始，然后是茴芹，最后研磨八角。你会闻到茴香强劲、土质的味道，要求立即、立刻、马上被加到香肠中。香甜的茴芹坚持要被加入烘焙食品。对于霸道、简直疯狂的八角应保持适度使用，以免它完全占据了菜品的风味。

茴香 / Fennel

茴香是欧芹属的一员。种子干燥后作为香料，植物的叶子和鳞茎则在烹饪时新鲜使用。鳞茎的情况和芹菜差不多，茴香的风味多少与光果甘草有些类似，很强烈，经过烹饪会变得柔和，可以与海鲜和蔬菜很好地搭配。羽毛状的叶子加入沙拉或者切形用于装饰。

虽然光果甘草风味比茴芹和八角的更弱，但是茴香籽依然是一种强烈的香料，应谨慎使用。大仲马警告过："它的味道，本身是可以接受的，但如果使用得过于随意，味道就会变得令人生厌，就比如那不勒斯人，把它放到所有食物里面。"① 茴香粉在各种肉类上都表现不错：肉汤、炖菜、猪肉、牛排酱汁。整个的茴香籽通常用于制作香肠。强劲的风味需要强劲的基础，把茴香加入精致的风味，可不是什么好点子。

清教徒曾经在教堂里嚼着茴香，这给了它"集会种子"的外号。② 不过，早在清教徒迷上它之前，人们就聚在这个种子周围了。在古代的中国、印度、希腊和埃及，人们都使用过它。在希腊，它被称为马拉松，公元前 490 年希腊和波斯那场战斗的胜利标志，也代表着丧心病狂的超长庆祝。没有遇到过他还没有写过的植物的普林尼，认为茴香对视力有益。这个信念强大到延续了数百年，贯穿了欧洲中世纪的大部分时间。十三世纪中叶，伯多禄·茹利昂，也就是后来的教宗若望二十一世，写到了一种由茴香、菊苣和芸香构成的"眼水"，用来舒缓发炎或疲倦的眼睛。③

还有些人认为，用茴香涂抹母牛的乳房可以防止牛奶被施咒。④ 一种更普遍和广泛的使用方法是，将茴香挂在门口，以保护里面的房间免遭恶灵的侵害。茴香造就了塞克酒（sack），一种流行于莎士比亚时代的强化葡萄酒。法斯塔夫说："即使我有上千个儿子，

---

① 《美食词典》，119 页。
② 《香料之书》，233 页。
③ 《金酒之书》，15 页。
④ 《香料之书》，233 页。

完整和经过研磨的茴芹

我教给他们的作为男人的第一原则都会是，抛弃那些寡淡的酒，让自己迷上塞克酒。"

　　许多美国人都知道茴香籽可以当作饭后零食，并且在印度餐馆中还被用来帮助消化。种子和糖的混合物被称为 mukhwas[1]，里面可以包含茴香、茴芹，或两者皆有，通常会添加少量糖和薄荷油，或者是裹上糖衣。茴香籽是出色的口气清新剂，不像口香糖或者薄荷糖，它是改善口气的无糖方案。实际上，直接咀嚼茴香籽也是令人愉悦的事情，经过咀嚼，起初强烈的光果甘草感就会变得更加温和，也更甜。

茴芹 / Aniseed

　　大仲马对茴芹同样抱有消极想法："满满的……特别是在罗马，"他写道，"绝望，外来的人没办法摆脱它的味道或气味。"法国人

---

① 这个名字是 mukh 和 vas 的混成词，它们的字面意思分别是 "嘴" 和 "气味"。

大仲马没有写明自己是不是那个绝望的外来者，尽管他的沮丧暗示了他的恼怒。而普林尼，还是和大仲马反着来，和茴香一样，茴芹也得到了欣赏："它很好地给所有肉类调味，没有它，厨房就没法待了。"[①]茴芹在古罗马广为人知，在英国也相当受欢迎：1305年，爱德华一世国王将其列为征税产品，以筹集足够资金维修伦敦桥。[②]

茴芹有完整的和经过研磨的。无论是哪种，它都可以用于甜味和咸味菜品，最常见的是用于肉类制品（如香肠）、番茄菜肴（特别是酱汁），和烘焙食品。茴芹具有强烈的风味，最好搭配其他浓郁的食材使用，这也就是为什么茴芹在家中大多用于较肥的肉类、结实的番茄，以及有劲的面包如德国庞贝尼克面包（pumpernickel）。[③]

欧洲和中东地区制作的很多饮料都是用茴芹作为风味元素。其中包括斯堪的纳维亚半岛的阿夸维特（aqvavit）、希腊的乌佐（ouzo）、法国的派斯提（pastis）、土耳其的拉克（rakı）[④]、意大利的珊布卡（sambuca）、巴尔干半岛的乳香酒（mastika）、欧洲绝大部

---

① "香料汇编"，2页。

② 《香料之书》，113页；《香料的传说》，144页。

③ 大仲马写过这种独特的深色面包："这个名字来自一名骑士的惊叫声，他品尝之后，把剩下的给了他那匹叫尼克的马，说了句'Bon pour Nick!'（对尼克有好处！）再加上德国口音就成了Pompernick。"不过一定要注意的是，这个风雅说法绝对是不正确的。根据梅里亚姆-韦伯斯特词典，这个词来自德语，pumpern是放屁的意思，nickel是小妖精的意思，源自它"被认为难以消化"。

④ 嗯嗯，这里的就是没有那个点，带点的raki是一种克里特岛的果渣白兰地。

完整和经过研磨的八角

分的苦艾酒（absinthe），以及伊朗、伊拉克、黎巴嫩、约旦、巴勒斯坦、以色列和叙利亚的亚力（arak）[1]。有趣的是，欧盟规范了茴芹风味的酒精饮料，要求特定的蒸馏技术、酒精强度和风味，但是传统上由茴芹制作的风味，在法律上也可以来自八角或茴香。[2]

八角 / Star Anise

从纯粹的美学角度来看，八角可能是最美丽的香料。每颗种子都居于一个花瓣状的蓇葖中，每个果实都有八个蓇葖，如星形展开，因此而得名（尽管也被称为 badium[3]）。茴芹和八角的味道非常相似，不过在对比之下，茴芹的更偏向植物和青草，八角的更强烈、

[1] 这不是印度或南亚的酒，在那边，arrack 是一种椰子花制作的酒，arak 是阿拉伯蒸馏酒。

[2] 欧洲议会和委员会第 110/2008 号条例第 25 号，附件 II，烈性酒，"茴香味烈性酒"。

[3] 拉丁文，指马的棕红色。——译者注

更霸道。两者的精油（茴香脑）可以互相替换使用。[1] 八角在中式烹饪中非常重要，它是红肉和白肉的基础组合，常与猪肉和鸭肉一起搭配。对于口感温暖的汤，比如愈合汤或河粉，掰下两块或者研磨一点即可。可以在咖啡中添加八角，制作一杯令人惊讶又有趣的饮料，不少人用它泡茶，以获得古罗马人所说的消化功效。

八角来自中国土生的一种小树，尽管没有发现它是野生的。[2] 棕色果实在成熟前被采摘、干燥。[3] 1971 年，禁令解除后，八角第一次被运往美国。[4] 这很可能就是八角没有出现在美国烘焙食品之中，而欧洲人经常在面包、曲奇、蛋糕和糖果中使用八角的解释。德国圣诞蛋糕的甜面团中使用了光果甘草的风味，意大利式脆饼（biscotti）中使用了整颗的种子。跟茴芹一样，八角也被用于香肠和番茄菜品。

中国五香
· · · ·

中国五香是强力的香料组合，可以为菜品带来甜和咸的元素。众所周知，这五种香料的配方并不是固定的，而且有的五香调料中并不只有五种

---

[1] 化合物茴香脑会引起乌佐效应，使酒精饮料变得浑浊。它也是药物对甲氧基甲基苯丙胺的前身，最初被认为是苦艾酒影响精神活动的原因。

[2] 《牛津食物指南》，751 页。

[3] 《香草、香料和调味品》，247 页。

[4] 《香料之书》，115 页。

香料。通常能在美国找到的五香调料中包含肉桂、姜、八角、茴芹和丁香。五种之外的香料可能有茴香、花椒粉和小豆蔻。八角和姜是必须的，这两种互不相让的风味成就了无与伦比的中国五香调料。

可以在任何重味的菜品中使用五香调料，尤其是肉类菜品，而且它也很方便混入面包屑，制作面包屑炸豆腐。五香调料还帮助中国人形成了腌制肉类的天赋，解决夏天的肉食问题。它也可以用于烘焙，如果你想要让用到肉桂和豆蔻的食谱更加令人惊叹，尝试用五香调料代替其中的部分或全部。这可以带来类似的温暖，但又增加了复杂性。它也可以与巧克力搭配，巧克力的浓郁风味可以应付五香调料这种厉害角色。

葛缕子 / Caraway

葛缕子的强度远不如茴香、茴芹和八角，但它的风味让人联想到光果甘草。它实际上是葛缕子植物的整个果实，而不只是种子。（葛缕子叶有时被用作草药，味道要温和得多，类似于欧芹，带一点点莳萝的味道。）葛缕子在西欧非常有名，在美国主要出现于德国和澳洲菜谱，包括蛋糕、面包、奶酪、泡菜、香肠、鲜卷心菜、猪肉和匈牙利汤。可能最常见于裸麦面包，给面包带来人们期待的上好裸麦所呈现的种子和坚果风味。有时，漱口水中清爽的光果甘草口感，也有葛缕子的一份。

葛缕子被认为是世上最古老的香料之一。它被发现于石器时代瑞士湖区的居所，罗马人和埃及人将它用作调味品和药品。公元一世纪的希腊医生迪奥斯科里德斯推荐给苍白的姑娘葛缕子，作为滋补品。[①] 请注意：葛缕子有时会和孜然相混淆，因为过去的翻译将二者混为一谈或弄错了（就像新来的菜椒被叫作辣椒或其他辣椒的品种）。如果你的老菜谱中的咖喱需要葛缕子，那它的意思肯定是孜然。

葛缕子是不少古老迷信的核心，我最喜欢的是，在婴儿床下面放葛缕子可以保护婴儿免受巫术的侵害。[②] 据推测，葛缕子是由阿尔伯特亲王引入英国的，他在德国出生，并在和维多利亚女王结婚后成为这种香料的主要支持者。[③] 不过，其他文献表明，葛缕子在阿尔伯特亲王到来之前的一些年就已经在英国流行了：理查二世国王的大厨们在他们的古英语烹饪书《烹饪的方法》(The Forme of Cury，约 1390 年) 中提到过葛缕子。[④] 无论如何，在莎士比亚创作《亨利四世》的十六世纪晚期，戏迷们就应该已经足够熟悉葛缕子了：

> 沙洛：不，您应该瞧瞧我的果园，在凉亭我们可以吃几个我去
> 　　　年亲手嫁接的苹果，配上一碟葛缕子，还有别的……

---

① 《香料之书》，159 页。
② 《香草和香料全书》，85 页。
③ 《香草和香料全书》，85 页。
④ 《香料之书》，159 页。

葛缕子是被遗忘的种子蛋糕里的明星，此时在英国被认为是一种老风尚。[①] 维多利亚时代的烹饪书中经常有单独的部分写种子蛋糕以及葛缕子蛋糕的食谱，尽管葛缕子在这些蛋糕里都是必备食材。[②] 在人们制作这些蛋糕的时代，看起来它们只是旧日里的创新之物。但在今天，健康饮食需求让种子再次进入视野，也许种子蛋糕再次登台的时机已经成熟。

芫荽 / Coriander

与八角和葛缕子相同，芫荽籽是完整的果实，而不只是种子，它的最常见用途之一是给裸麦面包调味。不过，在公元前三千年晚期的叙利亚，记录中古代文明马里的人们用芫荽籽和孜然给啤酒调味。[③] 向北去，比利时魏斯啤酒（Weiss beer）没了芫荽就不是它们自己了，这种种子和干净的酒花口味相辅相成。它也是苦味中的关键元素。记录着大约公元前 1550 年埃及草药学知识的埃伯斯纸草卷曾提到芫荽。古希腊的希波克拉底也推荐过药用芫荽，不过罗马政客加图提到它时是一种食物调味品。[④]

---

① 《牛津食物指南》，712 页。

② 《厨师和管家通用全典》（*The Cook and Housekeeper's Complete and Universal Dictionary*）中还提供了一个制作葛缕子香皂的配方，把葛缕子奉为治疗歇斯底里的良方，还提到它是一种很好的诱饵，可以用于捕鼠器。

③ 《香料：诱惑的历史》，58 页。

④ 《香料之书》，211 页。

就像豆蔻，芫荽籽通常会被烘烤，并且同样在咖喱中找到了个好归宿。芫荽籽和甜菜头及其他泥土味的蔬菜是绝配，有时也会响应烤猪肉和火腿的召唤。如果在咖喱中添加完整的种子，预先烘烤会带来更好的风味。烘烤过的芫荽籽也是格拉姆玛萨拉的关键成分，也可以加入混合腌渍料，或者作为一种零食来享用。

芫荽籽和芫荽香草来自同一种植物。在美国，芫荽香草被称为 cilantro。因为这种香草在墨西哥菜肴中非常流行，所以美国人就用了它西班牙文中的名字，然后就一直让人困惑了下去。不过，芫荽籽和芫荽香草的味道有相当的不同。

完整的芫荽籽

香草
一次离题

第一章

　　我在引言里写过，我们可以将香料架上的所有东西都称为香料。做饭的时候，我不会去区分香料、香草和盐。它们会伴随着期待被撒到食物上，也会尽自己的一份力让食物更好吃。在这种关系下，香草就是香料，所以我要写一写它们。

　　大体上说，从某些方面可以将香草归于自己独特的分类中。许多（虽然不是全部）香料是在热带地区生长，并且有环球贸易的历史，而香草，基本上是全球的本地植物。从植物学上看，香草来自没有木制组织，如树干和树枝的植物。月桂叶来自和肉桂有关的树，但我们使用的是植物的叶子，那它应该算香料还是香草？分到哪一边都是可以的，因为两者之间的界限就像他们的种植地一样疏松。还有另一个因素将香草联系到一起：它们在历史上的影响力不如它们闪闪发光的朋友，比如肉桂、丁香、豆蔻和胡椒。

　　由于这个原因，在那些关于香料的讨论中，香草经常被可悲地忽略。吉布斯在他的权威著作《香料及认识方法》中写道，香草"在两个半球都有发现，但很少，所以要说说它们"。在这句漠视的话之后，他用一小段文字写了写香草，就像给这本书弄了个讨可怜的结尾一样。可怜的香草。这些葱茏植物的朴素根本没办法与经典香料在历史上留下的光辉相提并论，但它们也有自己丰富的遗产，可以追溯至古希腊和罗马。

在一次户外午餐，我们讨论了这个话题，姑妈附和了吉布斯，她说："如果是我写，我根本不会考虑要不要讨论香草。"她继续说，"香草随处可见——甚至是在芝加哥人行道的缝隙里。"她扫视了一下周围的人行道，仿佛期望在附近找到顽强生长的香草，可以挑选然后加到餐盘中。

好吧，没错，我确实在我家附近的废弃地里发现过一个被遗弃的香草圃，嗯，芝加哥。杂草丛里有一簇迷迭香鹤立其中，仔细查看后我发现附近还有鼠尾草和虾夷葱。那里曾经是一个香草园，无人看管仍然还在繁衍？还是从附近的院子或者窗台飘来的？我不后悔把香草带回家，即使它们是野生的。把这点放进香草的"赞成意见"里：我从没发现街区里长出肉桂。

假如我是在希腊的乡村漫步，与香草的偶遇会让我得到的味道更丰富。地中海一直以世界上最好的香草享誉全球，因为香草从古代就在那里生长。人们熟悉希腊和罗马英雄头顶的月桂冠。地中海香草具有类似法国酿酒葡萄的土地传承。西半球的新贵葡萄和香草，缺乏耕种千年，沉浸于土地的深厚历史。① 你能够在加利福尼亚购买起泡酒，但香槟，只能从法国购买。幸运的是，香料没有沾染葡萄酒那种精英主义，尽管通常认为从地中海进口的香草要比加利福尼亚和其他地方种植的更优秀。

香草不犹豫

在家里，经常能够听到一些意见，要求一些菜品使用新鲜的香草，一些最好使用干燥的香草。干燥香草的美在于你可以随时品尝它们的美味，当你需要为一盘菜增色的时候，干燥香草就在手边，甚至可以放入小瓶随时撒出。在有些情况，干燥会浓缩香草的风味，使其比新鲜时更强。这些干燥香草是很多混合香料的重要组成，它们将其他香料的味道融合在一起。烹饪鸡肉时，我会取来干燥迷迭香和鼠尾草，做意大利面时是干燥芫荽，干燥百里香……随时放在手边。大多数情况，香草具有浓郁的风味和清淡的味道，特别适合汤和炖菜。

不过，《草药学家》希望读者非常清楚应该谨慎地使用香草。"使用这些奇妙的香气和风味的艺术几乎就在于一个词——'微妙'（subtlety）。"上面写着关于烹饪时使用香草的说明，"仅此一个关

① 不过，就像一些新贵加利福尼亚葡萄酒，该地种植的香草品质也在持续提升，有些已经超越了传统上更高级的旧世界品种。

于香草调味的建议。"[1]

但是，没有罗勒的玛格丽特比萨会是怎样呢？它里面需要的肯定不是"微妙的一点"。在意大利香醋—橄榄油面包汁里面一定有可观数量的迷迭香。即使是鼠尾草，《草药学家》用蒜来比较，"除非谨慎使用，否则会压倒其他味道。"鼠尾草是我的鼠尾草小南瓜挞中大量使用的成分。我希望鼠尾草、迷迭香、罗勒是这些菜品中最突出的香气。

保持强力

大部分干燥香草一开始都是强烈和绿色的。有一些香草（比如迷迭香、牛至、百里香和罗勒），干燥的比新鲜的更有劲，具体取决于原始产品和干燥方法。香草生产商善于在干燥过程中保存风味，而干燥过程会浓缩风味。为了保持风味，应将香草存放在远离热源的密闭容器中：透过玻璃窗的、烤箱散热器吹出来的、从厨房通风口散开的。可以将香草想象成树上的叶子：如果夏季从树上掉下，在阳光的烘烤下，会失去绿色，卷曲成无生命的东西。干燥的香草同样面临着光和热的危险。应该满怀爱意地将它们收起来，作为回报，它们会保持自己的力量和活力。但暴露在光和热之下，它们将逐渐失去自己的生气。

香草不会变质，它们会变得苍白无力。在妥善的保护下，它们

[1]　《草药学家》，178 页。

法国罗勒

能够存放数月，甚至一年，尽管那时你可能会面临风味不足的风险。在这种情况下，你可以使用更多的量，来弥补损失的风味。通常，如果用干燥香草替代新鲜的，使用量应减少三分之一。也就是说，如果食谱要求一汤匙新鲜百里香，如需替换，请使用三分之二汤匙干燥百里香。

罗勒 / Basil

清爽、甜，数种风味相辅相成，罗勒对得起它美国最受欢迎的香草之一的名号。罗勒有多达四十个品种，尽管你只能在香料店里买到其中几种。

意大利和法国烹饪经常需要用到罗勒，它尤其适合与番茄以各种形式搭配，从酱汁、沙拉到番茄汤，甚至番茄调配的饮料，如血腥玛丽。在烹饪结束时添加罗勒，可以为肉饼和以肉为主的炖菜增添活力。

法国罗勒（French basil）是一个古老的品种，具有优雅、精致的风味，可以闻到一丝茴芹的味道。

加利福尼亚罗勒（California basil）是新世界农作物从旧世界作物改良，青出于蓝的例子，这是相对晚近出现的现象。虽然在菜品需要略带罗勒风味时，法国罗勒依然是首选，加利福尼亚罗勒用于需要有冲击力的罗勒风味。由于使用的干燥方法不同，加利福尼亚罗勒的颜色往往比法国罗勒深。

柠檬罗勒（lemon basil），也称作泰国罗勒（Thai basil）[1]，有好闻的气味。尽管可以在家用烤箱烘干新鲜的柠檬罗勒，但它通常不会干燥。柠檬罗勒可以加入沙拉，和鱼也是好搭配。

紫罗勒（purple basil），顾名思义是紫色的。使用时多是因为其颜色，为沙拉增添诱人的元素。在味道上，紫罗勒类似加利福尼亚罗勒。

罗勒是一种古老的香草，在古希腊的烹饪和医学中非常出名。围绕着罗勒的许多传说都与龙和蜥蜴有关。其中一种关于罗勒（basil）名字的推测是，它是从 basiliscus（巴西利斯库斯）或 basilisk（巴西利斯克）缩写而来，意思是"小国王"。[2] 巴西利斯克在很多罗勒传说中是一种可以用眼神置人于死地的爬行动物（龙、蜥蜴，或其他的）。[3]

不过到了中世纪，很多与罗勒相关的迷信都提到了其与蝎子的

---

[1] 老挝罗勒（Lao basil）也是我。——罗勒注

[2] 《香料之书》，122 页。

[3] 巴西利斯库斯是在位仅约一年的拜占庭皇帝。——译者注

加利福尼亚罗勒

关系。与些人认为，蝎子会在罗勒的盆中生息繁衍，另一些人相信，蝎子会被吸引到使用罗勒的地方——如果将罗勒切碎放到锅里，蝎子很快会成群结队赶来。[1] 还有一些说法就更直截了当了，罗勒制造了蝎子。[2] 不过在我家的香料店里，没有用罗勒制造或引来蝎子，或许是因为我喜欢罗勒，以及它与希腊人充满争议的关系。古希腊作家克律西波斯（Chrysippus）写道，罗勒的"存在仅仅是为了让人疯狂"[3]。

月桂叶 / Bay Leaves

月桂叶为它所在的地方带来无所不在的甜味。许多人都熟悉汤

① 《香料之书》，123 页。
② 《香料的传说》，74 页。
③ "你应该了解的关于罗勒的事情"，1 页。

和炖菜中的月桂叶，但月桂叶也是高汤、鱼蟹锅、酱汁等需要焖煮较长时间菜品的好作料。它拥有一种微妙的泥土香，很容易被忽视，但没有的时候又很明显。你可以（以及应该）将月桂叶添加到裹料中。在家里，我们将月桂叶加到烤肋排的裹料中，而在父亲的炖烤锅，则用在半干裹料。

月桂叶，是世界上最古老的香草之一。很容易想象那些穿着叫作托迦的袍子的古希腊和古罗马人有多喜欢这种庄严的叶子，因为我们知道月桂叶做成的冠冕，它们是给奥运会的胜利者和英雄的，入学时，古希腊学者也会被冠上月桂叶，学士学位（baccalaureate）一词也是来自月桂果（bacca lauri）。[①] 希腊神话中有一个关于月桂树起源的冗长故事：太阳神阿波罗，看不到女神达芙妮有一点明白他的意思，她只是不喜欢他。阿波罗的追逐毫不松懈，以至于众神帮忙，将达芙妮变成了一棵月桂树。

月桂叶被完整使用是有充分理由的。即使长时间处于高温液体中，月桂叶的边缘依然能保持锋利和尖锐，即使边缘能够变软，它依然能够分解成锯齿边缘的小碎片。要担心的是，它们可能会难以下咽，划伤喉咙，因为它们不会轻易软烂。因此，请坚持使用整片叶子，而不是像其他香料一样弄碎。大多数食谱都要求在上菜前将月桂叶捞出，但我听说有些人会留着它们，并奖励端上月桂叶的人（可以许愿、选择下一部电影或冰淇淋的口味等）。如

---

① 《香料的传说》，40 页。

月桂叶

果你发现自己的喉咙里卡着一块尖锐的月桂叶，面包是缓解这种
情况的最温和方法。

细叶芹 / Chervil

  细叶芹是一种敏感的香草，具有细腻、温和的香气，很容易消失。
因此，通常仅在烹饪结束时才将其添加到菜肴中，以免失去其微
妙的风味。细叶芹甜且香气十足，风味上接近欧芹，不过要淡一些，
有轻微类似胡椒，甚至茴芹的底调。细叶芹有时也被称作法国欧芹，
也许是因为在法式菜品中比其他地方菜品的使用频率更高。它可
以与胡萝卜、甜玉米、芹菜很好地搭配，给黄油和黄油酱汁增添
甜感，并提亮海鲜菜品和汤。

  普林尼推荐用细叶芹治疗打嗝。除了这个古老的逸事之外，细
叶芹似乎与神话和传说无缘。

芫荽叶 / Cilantro

还有比芫荽更具分裂性的香草吗？这种无害的绿色植物甚至让其他香草遭受无名仇恨。脸书上建立了页面用来挤对芫荽。2002年，茱莉亚·柴尔德（Julia Child）在采访中告诉拉里·金（Larry King），芫荽，还有芝麻菜，只有这两个是她鄙视的食材："它们有我不能接受的味道，"她说，"如果发现，我会把它们挑出来扔到地上。"

茱莉亚·柴尔德是否像其他许多人一样，有着遗传上的因素而讨厌芫荽呢？一些讨厌芫荽的人表示，他们拥有的"芫荽基因"使芫荽对他们来说味道就像肥皂，但有关该主题的研究却展开了更复杂的情况。一项研究发现，在不喜欢芫荽的人和特定的味道检测基因之间具有基因相关性，这引导研究人员得出理论认为，不喜欢芫荽的人，是因为他们的基因增加了芫荽中的肥皂味。但是，喜欢芫荽的人也有这个基因，这意味着，可能这些人只是简单地不在意肥皂味。[1]另一项研究发现，有另外三个基因可以影响我们尝和闻芫荽的感受，其中两个基因影响我们尝苦的食物，一个基因检测刺激性食物如芥末。[2]这两项研究都发现我们对芫荽的好恶

① "嗅觉受体基因附近的遗传变异影响对芫荽的偏好"（A genetic variant near olfactory receptor genes influences cilantro preference），arXiv。
② "双胞胎化学感应性状的遗传分析"（Genetic Analysis of Chemosensory Traits in Human Twins），《化学感官》（Chemical Senses）。

与基因间存在联系。

　　但是，即使是确定讨厌芫荽，也会发生改变。多年来，我都会把芫荽从我的盘子里挑出去，不过与茱莉亚·柴尔德不同，我没有把它们扔到地上。二十多岁时，我练着忍受芫荽，现在我已经享受它们了。这不是在香料屋成长的结果，而是因为在饭馆做了一年饭。我的日常工作之一就是将芫荽切碎，撒在蜡纸上，然后在加热灯下干燥。我使用干燥产品的要求被无视了，尽管我坚持将新鲜的香草切碎然后干燥，和干燥产品几乎没有差别，是浪费时间。切芫荽的前几周，我的鼻子都起皱了，不过到最后，我开始不在意它们了。反复接触之后，我变得能够接受芫荽。虽然我的情况比较极端，但我不会建议别人去练习切芫荽然后把它们扔掉（或扔到地上），你可以在使用其他香草的时候添加少量芫荽，每次多一点点，建立耐受性，直到喜欢上它。

　　那些毫不动摇的人可能会受到鼓励，希腊人用臭虫来称呼芫荽，以表示它令人不快的味道，这种气味在未成熟的水果中更为明显。[①] 不过，随着果实的成熟和最终变干，令人讨厌的气味就消失了。[②] 干燥的果实称为香料芫荽籽（coriander seed），因为这种植物的学名就是 *Coriandrum sativum*。世界上大多数人都认识这种植物的样子，在热带亚洲，这种香草经常被称作中国香芹，不过这个名字也被用在另一种不相关的植物 *Heliotropium curassavicum* 上，通常

---

① 《香料的传说》，152 页。
② 《香料之书》，210 页。

被叫作盐天芥菜。

尽管埋汰芫荽的小组们热情高涨，但芫荽在世界各地都很流行，并被大量使用，比如墨西哥、中国、埃及和印度。它是萨尔萨酱（salsa）和春卷中必不可少的风味，并为烤肉、海鲜、小扁豆和其他豆类菜品提供了清新、干净的刺激。干燥芫荽比新鲜芫荽温和。

莳萝 / Dill

这种香草的标签上经常不必要地印着莳萝草，用来和莳萝种子区分开，后者是一种少有人知道的香料。[①] 莳萝是必不可少的春季风味，园圃和农贸市场新鲜美味的报信人。莳萝泡菜爱好者熟知这种香草，它通常是卤水中的主要风味，给予泡菜独特的口味。与细叶芹一样，莳萝的微妙风味很容易随着烹饪消失，所以应该在烹饪结束时添加。莳萝为沙拉、土豆、卷心菜、胡萝卜、西葫芦、

――――――――――――――――

① 主要在中东地区使用，用于冷菜，如泡菜。

芫荽叶

肉类（尤其是鱼）带来泥土但新鲜的风味。鲑鱼和莳萝是简单但非凡的搭配，还可以和口味强烈的奶酪（如菲达奶酪）完美融合，以明亮清新的风味减弱脂肪的酸味。莳萝可以用于奶酪洋葱派，与虾夷葱搭配为瑞典莳萝薯条调味也很受欢迎。

莳萝曾被认为有助于消化，并且可以帮助驱离女巫。[①] 由于莳萝具有魔法特性，所以它既可以被女巫使用，也可以用来对付女巫——"被狗咬了的最好方子就是用那只狗的毛包扎"。

胡芦巴 / Fenugreek

胡芦巴，和芫荽一样，既有用新鲜叶子干燥的胡芦巴香草，也有可整用可研磨的胡芦巴籽。叶子主要在印度、中东和北美用于咖喱和面饼。咸且轻微坚果的味道给酱汁和汤增加了很好的深度，并且和土豆也可以很好搭配。

---

① "香料汇编"，7 页。

莳萝

干燥的种子可以烘烤后加入咖喱。犹太哈瓦尔酥糖中也有胡芦巴，它也可以作为泡菜料。在埃及古墓中发现莎草纸记录了胡芦巴的药物用途。在古埃及，胡芦巴被用于预防和缓解发烧，[①]并且（和其他香料一起）被用于防腐处理。[②]它也曾被用作皮肤和头发的滋补品，特别是给马，把胡芦巴籽当作零食喂给马，帮助马的毛皮变得光泽（此外还有助于马的呼吸系统）。[③]

薰衣草 / Lavender

薰衣草有类似迷迭香的甜和松树风味。干燥的薰衣草花苞加入普罗旺斯混合香草，带来一丝迷人的花香。用干燥薰衣草花苞制作薰衣草糖，它的风味会渗入糖中，增添花香，以及接近迷迭香的香气。取一茶匙到茶或热水中也是很好的选择。

墨角兰 / Marjoram

墨角兰和牛至相似：甜、果香的香草，可以和番茄很好搭配，经常被少量添加到香肠和意大利面中。鸡蛋和奶酪类菜品可以从墨角兰获益，奶油沙司和酸奶油蘸料也是如此。它也特别适合搭

---

① 《香料：它们是什么以及来自何处》，9页。
② 《香料之书》，240页。
③ 《香草和香料全书》，126页。

配豌豆、豆角等的青草风味。

墨角兰有时被称为野牛至（牛至有时也被称为野墨角兰），这显示了二者模糊的界限。通常，在较旧的食谱中二者是可以相互替换使用的，这个身份混淆制造了巨量的困惑。应在烹饪结束时添加墨角兰，以免削弱其复杂而微妙的风味。

薄荷 / Mint

留兰香（spearmint）是较老的薄荷，辣薄荷（peppermint）在口气清新产品中无处不在，但在香草中则是较新的成员，于十七世纪末才开始使用。由辣薄荷制作的油使牙膏和口香糖提神醒脑，同样的清新感也能够让一杯茶变成使人精神振奋的饮料。大部分辣薄荷被用于制造糖果，超受欢迎的配料。

留兰香在烹饪中更常见，这种薄荷可以制作薄荷冻，夏日烧烤专用的调味品。如果食谱简单地要求使用薄荷，就用留兰香。它几乎适合任何肉类：一点点留兰香就能改善猪肉、羊肉、鸭肉、鸡肉和小牛肉的风味。豌豆汤里不应该没有留兰香。留兰香与水果搭配可以制造令人愉悦的夏日风味。它为浓郁的酸奶酱料带来新鲜感，并提升小扁豆和其他豆类菜品。新鲜薄荷在薄荷朱莉普（mint julep）和其他以水果为基础配料的饮料中都是神奇的存在，尤其是蔓越莓和橙子。你可以用茶浸搭配干燥薄荷代替饮料中的新鲜薄荷。

薄荷以门塔（Minthe）的名字命名，门塔被佩耳塞福涅（Persephone）变成了薄荷植物（希腊众神总把人变成植物，可以看看水仙的传说）。佩耳塞福涅嫉妒丈夫哈迪斯（Hades）对仙女的喜爱，并不厚道地把怒火发泄给了门塔，而不是哈迪斯身上，将仙女变成了一株低矮的植物。古希腊人和古罗马人喜欢将留兰香用于香水、沐浴，当然还有调味。薄荷最早用于清洁牙齿，是在六世纪的欧洲。

牛至 / Oregano

牛至有数十个亚种，但商业生产的牛至是相当标准化的。对其风味化合物（香芹酚和较少的百里酚①）的分析使生产者可以制作出更加稳定的产品。牛至以其明亮、柑橘的风味在全世界备受欢迎。海鲜、西兰花、蘑菇、小扁豆和意大利酱汁，以及羊肉、烤串等土耳其菜肴都是牛至的极致搭配。奇米丘利（chimichurri），美国人越来越熟悉的阿根廷名酱，就有用到干燥牛至和其他香草（典型的有芫荽叶和欧芹）。

希腊人称牛至为"山中之乐"。②美国人最初称牛至为"比萨香料"。虽然现在已广为人知，但直到第二次世界大战，在意大利的美国士兵迷上比萨之后，牛至才被广泛使用。战争结束，他们将比萨和牛至带回自己的家乡。1940 年之前，牛至进口量非常小，

---

① "牛至：植物学，化学和种植"（Oregano: Botany, Chemistry, and Cultivation）。
② "香料汇编"，11 页。

土耳其牛至和墨西哥牛至

都不值得记录。① 在 1940 年之后，美国的牛至消费量增加了百分之六千。

地中海牛至（Mediterranean oregano）是使用在地中海菜肴，也是被士兵带回美国的那种，尽管这个标签之下涵盖希腊牛至和土耳其牛至等几个品种。通常，在美国以土耳其或希腊语标签出售的牛至，是更甜、柑橘味更浓的。这是食谱上只写着牛至时的标准要求。

墨西哥牛至（Mexican oregano）是墨西哥菜肴的首选，使用于辣豆酱（chili con carne）、辣椒粉和墨蕾（mole）②，比地中海牛至更刺激、略带胡椒味。③

欧芹 / Parsley

"欧芹是每种酱汁中必不可少的配料。"大仲马写道。④ 确实，

---

① 《香料：它们是什么以及来自何处》。
② 辣豆酱，墨西哥传统炖菜，有很多变种，也是得克萨斯州官宴的一道菜。墨蕾，墨西哥传统酱汁，字面意思即是酱，有多个现代变种。——译者注
③ 《香料之书》，265 页。
④ 《美食词典》，185 页。

欧芹出现在许多酱汁的食谱中，也是无处不在的装饰香草。"把欧芹从厨师那里拿走，你就把他推到了一个几乎无法施展技艺的境地。"博斯克，显然也是一名厨师，《美食词典》里记下了他的这句话。[①] 他说的没错。从土豆和米饭，到绿色蔬菜，再到鸡肉和鱼，欧芹的增色都是必不可少的。欧芹几乎恒定的合宜可能就是它成为第一装饰香草的原因：它提亮所有接触到的食材，并且带来深绿的色彩。

有个流行的中世纪传说，似乎是为了帮助种不出欧芹的园丁找出借口。里面解释说，欧芹需要不可思议的长时间才能发芽，因为它要到魔鬼那边再回来，不是一次，也不是两次，而是七次[②]，才能萌发。[③] 麻烦也可能离家很近，另一个传说是，只有女人管理家庭时，欧芹才会生长。[④][⑤]

迷迭香 / Rosemary

干燥迷迭香有完整的、成瓣的和切碎的，不过我喜欢购买完整

---

① 《美食词典》，185 页。

② 也有说法是九次：因为欧芹属于魔鬼，所以要播种九次才行（oxfordreference. com）。意思大致是，魔鬼会留下本就属于他的部分。所以还是准备九倍量的种子比较稳。——译者注

③ 《香料之书》，331 页；《香草和香料全书》，200 页；《香料的传说》，82 页。

④ 《香草和香料全书》，200 页。

⑤ 关于这个迷信的说法更是千奇百怪，有的说法不光要求管理家庭的人是女性，还要穿着裤子才行。而且，如果是处女，参与播种欧芹会使她怀上撒旦的孩子。欧芹到底做了什么？——译者注

欧芹

的。当菜品需要额外的风味时，我会用手指掰开它。浓烈、有力的风味和很多肉类菜肴非常适合，尤其是烤鸡肉、羊肉和火鸡。迷迭香与油浸蒜和意大利香醋混合，快速制得硬皮面包蘸料。迷迭香给葡萄柚和橙子一类水果带来极其有趣的风味，对于这些水果，迷迭香调料带来的愉悦远胜于一般沙拉酱。油炸或烘烤迷迭香土豆很常见（应该如此），迷迭香和其他淀粉类蔬菜可以互相衬托，花椰菜和蘑菇也是如此。当使用切碎的迷迭香时，记住只要放一点就够味道了。在这种形态下，风味集中，非常强力。切碎的迷迭香也适合不希望出现整条叶子的情况，比如一些光滑的酱汁。

"这些迷迭香，是为了记住。"《哈姆雷特》中的奥菲利亚说明道。这种想法在今天也是常见的：2017 年春天，英国学生开始大量购买迷迭香提取物，坚信迷迭香提取物可以改善记忆力，帮助通过考试。[①] 迷迭香与记忆力之间的这种关系似乎是在中世纪开始的，当时它是非正式的婚礼香草，提醒新婚夫妇时刻记住对彼此的忠诚。

---

① "在研究显示迷迭香可以增强脑力后考试季的迷迭香销量翻番"（Rosemary sales double during exam season after study suggests it boosts brain power），《电讯报》。

我的祖父母曾经卖出过一个婚礼
礼盒，里面有大量的香料，盖在一个
迷迭香枕头上。大盒子里还有七杯香
草，它们的使用方法是：撒在地板上，
让新郎和新娘在上面跳舞。我祖父是
从他的养父那里学到这一传统的，他
的养父是从南萨兰托地区过来的意大
利移民。祖父对这个传统的解释是：

迷迭香之舞

"在舞池里撒上新鲜的迷迭香，新郎和新娘跳第一支舞，只有他们
俩，在迷迭香的作用下彼此真诚对视。然后，迷迭香会被收集起来，
保存在容器里。"

鼠尾草 / Sage

没有鼠尾草的香肠就是悲剧。我在威斯康星州长大，周围有
很多德国的事物，我与鼠尾草的联系大概就是香肠和禽肉馅，也
有点像香肠的东西。鼠尾草和洋葱是绝配，二者共同创造的混合
咸鲜风味，是禽肉，特别是鸭肉的好伴侣，虽然也许鼠尾草最出
名的可能是作为意式小牛肉卷的食材。查尔斯·兰姆在"论烤猪"
中要求将鼠尾草加入猪肉馅。[1]

---

① 《香料之书》，382 页。

迷迭香

　　鼠尾草和根类蔬菜和南瓜类搭配很好，与烤小南瓜是绝佳搭档，可以用干燥鼠尾草和油、盐、胡椒混合，在烘烤之前调味，也可以将完整的新鲜鼠尾草叶用一点儿油炸，在小南瓜烤好后添加。从烹饪的角度来说，鼠尾草在这个国家的流行程度不如以往，显然，正是牛至的兴起将鼠尾草从它的香草宝座上赶了下来。[①] 鼠尾草还可以单独或者与其他香草一起，制作一杯提神的茶饮。

　　虽然鼠尾草在厨房已经失去吸引力，比起用它制作食物，鼠尾草对绝大多数人更像是新鲜事物，但这也是老皇历了。最近几年，人们对焚鼠尾草的净化或"清洁"空气作用越发感兴趣。这种对美洲原住民传统的夺用，衍成了新时代的诸多仪式。不知不觉间，与神灵连接的古老传统于此时幽烟再燃。

　　古埃及人焚烧没药、香脂和乳香来"驱逐恶灵和安抚神祇"。[②] 在古希腊和古罗马也有类似的传统，焚烧香料和香草以使芳香上升，遇到由愉悦空气构成的众神。后来，在被瘟疫席卷的欧洲，瘟

①　《香料之书》，382 页。

②　《香料之书》，8 页。

疫面具中装满了各种香料和香草，以及其他好闻的东西，用来消
除传播瘟疫的坏空气。

鼠尾草特别适合这些用途，因为它浸满了关于魔法属性的传说。
古代的草药医生建议将鼠尾草用于记忆和身体恢复。鼠尾草（sage）
的名字可能起源拉丁文 salvere，意思是"使健康"或"使安全"。①
它大约于十四世纪传入英文，和 sage 的另一个含义，也就是"智
者"差不多同时，后者源自拉丁文 sapere，意思是"去尝""去知道"
或"成为知道的人"。在西方最早的医学院，西西里的萨莱诺学校
有这么一句话：Cur moriatur homo, cui salvia crescit in horto? 翻
译过来的大意是："一个在自己园圃里种有鼠尾草的人怎么会死
呢？"② 普林尼、迪奥斯科里德斯和泰奥弗拉斯托斯都写到过鼠尾
草的治愈价值。③

在中世纪，鼠尾草是用途广泛的药方，适用范围从霍乱和癫
痫等严重的疾病一直到便秘和伤风等小病。有句古老的英文韵文：
"He that would live for aye, must eat sage in May"（想要一直活着的
人，就要在春天吃鼠尾草）。④ 鼠尾草体现了中世纪民间传说中的

---

① 普通鼠尾草（common sage）的拉丁文全名是（Salvia officinalis）。Officinalis
   这个中世纪词语意指用于医学和草药学的物质或生物，不过它表达的是"属
   于修道院的储藏室"。其他被这样命名的植物还包括迷迭香、芦笋、茉莉、姜、
   和其他许多特定用途的植物，比如小米草、肺草和肥皂草。
② 前文写到过的密契者圣希尔德加德给这句话加了后半句："如果不是因为没有
   什么可以阻挡死亡？"——译者注
③ 《香料的传说》，86 页。
④ 《香草和香料全书》，219 页。

性别鸿沟。和欧芹类似，有个传统是，如果家庭的所有者兴盛的话，鼠尾草也会兴盛生长，特别是"当家庭由妻子掌管的时候"。[①] 在整个中世纪欧洲，实用观念显示，由女人种植会让植物更好。纤细的香草与女性领域相关，而强烈的香料则被认为是男子气概的。

香薄荷 / Savory

香薄荷的味道和百里香有一些类似，通常会在一起为汤和肉调味。和百里香一样，香薄荷叶也分为几个品种，其中主要的两个是夏香薄荷和冬香薄荷。夏香薄荷植物的制品风味在初夏达到顶峰，因此而得名。而冬香薄荷，是一个耐寒的品种，在冬季提供产品。夏香薄荷更甜，冬香薄荷味道更浓，有一点苦和松树风味。要求

---

① "香料汇编"，15 页。一个想管理家庭的女人会将芥菜籽缝入自己的婚裙，因为这个古老的德国神话说，这样做的女人一定会在家里"穿裤子"。(《香料的传说》，27 页。)

干燥和切碎的鼠尾草

使用香薄荷而没有前缀的情况，一般是指夏香薄荷。香薄荷适合于豆类、豌豆、鸡蛋、蔬菜、香肠和猪肉，也适合加入混合香料。

龙蒿 / Tarragon

龙蒿是经典法国烹饪的基本食材之一，尽管不像芫荽那样具有分裂性，但龙蒿也是一种非爱即恨的香草。龙蒿的风味非常独特，我小时候不喜欢它，不过现在我享受猪排或鸡肉搭配的奶油酱汁里面有龙蒿。它是法国贝阿恩酱（Béarnaise sauce）中的关键成分，经常出现在五种法国基本酱汁中的荷兰酱（Hollandaise sauce）和白汁（Béchamel sauce）中。龙蒿常见于以蛋黄酱为基础的食谱和奶油汤（有时也会取代塔塔酱中的莳萝），并且可以与番茄和龙虾很好搭配。大仲马想办法在他的《美食词典》里收集了超过二十六种蛋菜食谱，其中就包括蛋龙蒿（eggs tarragon），将切碎的龙蒿与盐、胡椒和奶油一起加入制作西式蛋饼（omelet）。[1] 他补充道，除非加了龙蒿，要不最好别加醋。

西班牙的阿拉伯植物学家和药剂师伊本·阿尔比塔尔（Ibn al-Bayṭār）的笔下，龙蒿是一种口气清新剂、一种可以引起嗜睡的药，以及一种对于蔬菜不错的香草。[2] 对于最后一种，他是正确的：龙蒿特别适合与带泥土味的绿色蔬菜，如菜蓟和芦笋搭配。

---

① 《美食词典》，113 页。
② 《香料之书》，404 页。

法国龙蒿（French tarragon）是标准的龙蒿。写有龙蒿的食谱都是
希望你加法国龙蒿，因为它的风味胜于俄罗斯龙蒿。

俄罗斯龙蒿（Russian tarragon）也可以有很好的品质，但不是法国
龙蒿那样的标准化产品。但因为更加耐寒，俄罗斯龙蒿在这个季
节的家庭香草圃中占有一席之地。

　　龙蒿的名字（tarragon）和龙（dragon）是有联系的，但这个
联系的来源尚不清楚。普林尼说，携带龙蒿植物的嫩枝可以保护
人免受蛇和龙的侵害，龙蒿被叫作 *dracunculus*，意思是"小龙"。①
还有另一个异曲同工的来源，龙蒿一词是法文词 *estragon* 的变体，
意思也是"小龙"，而法文又来自阿拉伯文 *takhun*。② 龙蒿之所以
被冠上这个名字，可能是因为人们相信它能够治疗有毒爬行动物

① 《香料的传说》，76 页。
② 《香料之书》，403 页。

龙蒿

的咬伤，也有人认为是来自龙蒿的蛇形根。无论如何，联系就那样开了头，这个名字在许多语言中都是相似的：拉丁文中叫 *Artemisia dracunculus*，日文中叫 *esutroragon*，俄文中叫 *estragon*，荷兰文和瑞典文中就简单叫 *dragon*。

百里香 / Thyme

很少有百里香无法改善的菜品。它芳香、愉悦的气味强烈又不至于压倒，无论什么时候，需要香草提亮菜品，就可以加一点。百里香与盐和胡椒一起搭配，我把它们撒在土豆（甜的、红色的或褐色的）、烤肉、面包蘸料，以及几乎所有汤和炖菜中。百里香也是扎塔（za'atar）混合香料的决定性成分，这种调料在很多中东菜品上都有亮眼表现。我喜欢用它和孜然一起烹饪小扁豆。

味道强烈的百里香，干燥后和新鲜时一样有效力。一小枝新鲜百里香和半茶匙干燥百里香相当。可以避免切碎百里香时费力地工作，是干燥百里香的优势。与许多其他香草不同，其强烈的泥土风味可以在热锅中保存一段时间，所以可以在烹饪时稍早添加，而不会丧失风味。

---

① 《香料之书》，403 页。
② "埃斯科菲耶每次都建议在他的香草拼配中加一部分野百里香"（Escoffier always recommended one part wild thyme in his herb blends），《香料，佐料和香草》（*Spices, Seasonings and Herbs*）。

百里香

　　百里香有很多品种，尽管在美国有标准的百里香，但是据估计，有超过一百个不同品种的野生百里香存在于地中海地区。地中海的是标准的百里香，而法国的会稍多一点甜。柠檬百里香是具有更强柑橘风味的品种。

　　古希腊和古罗马有不少关于百里香的传说。在古希腊，百里香是与众神的联系：百里香来自希腊动词"做牺牲"或"做燔祭"。[1]在古罗马，人们认为百里香可以增加勇气，因此士兵会在有百里香的水里洗澡。[2]普林尼认为百里香可以帮助"忧郁"的人，并写道，任何被忧郁困扰的人，都应该将百里香塞入他们"用来哭泣的枕头"。[3]另外，有一份1663年的食谱教人们把百里香和啤酒加入汤中，用来"治疗害羞"。[4]

　　十八世纪，威廉·申斯通（William Shenstone）在他的诗中写道：

---

[1]　《香料：诱惑的历史》，233 页。

[2]　这个我倒是试过，不过我没有发现勇气有所提升，但饥饿感确实攀升了。

[3]　"香料汇编"，17 页。作为一个不时会感到忧郁的人，如果香草能够治疗抑郁，那么我就是近乎持续保持暴露的研究实例。哎，可惜这没有用。（不过也许要点是要大声哭出来。我必须多研究一下这种"用来哭泣的枕头"。）

[4]　《香草和香料全书》，251 页。

"丛生的罗勒，激发双关语的百里香"（the tufted Basil, pun-provoking Thyme），双关语的传统一如既往。在香料屋工作时，我听过很多各种"我用完了我的百里香"（I've run out of thyme）的说法。我有一个旧香料架，上面写着"百里香永远都不够"（never enough thyme）。[1] 不记得是怎么得到它的了，我猜也许是在祖母的房子发现的。

香草拼配

法国香草束 / Bouquet Garni

经典的法国香草束是将新鲜的香草整齐地捆在一起。当使用干香草时，有时会把它们放入平织棉布袋里，这样它们就能够像新鲜的香草束一样，随着烹饪释放风味，在上菜前又可以轻松取出。尽管有一个关于香草束由百里香、月桂叶和欧芹组成的权威说法，但使用上并没有标准。[2] 香草束中还有可能包含迷迭香、牛至、罗勒、墨角兰、鼠尾草、龙蒿、香薄荷和莳萝。这些香草可以为各种汤、炖菜，以及任何慢煮的菜品提供风味。另外，干香草方便裹在要烤的肉上。1656年，皮埃尔·德吕恩第一次将法国香草束的配方印刷出来，他的配方中包括虾夷葱、百里香、丁香、细叶芹和欧芹，

[1] 这几句话里的 thyme（百里香）和 time（时间）同音。——译者注
[2] 《牛津食物指南》，91页。

它们被一条培根绑在一起。①

法国香草碎 / Fines Herbes

　　法国烹饪的基础，通常包含欧芹、法国细叶芹、法国龙蒿，以及细叶芹，具体取决于进行混合的人。如果你劲头十足，也可以包括百里香、迷迭香或墨角兰。使用的香草通常是新鲜、切碎的，尽管干燥香草常常也是一样好。

普罗旺斯香草 / Herbes de Provence

　　最有趣的法国香草拼配就是普罗旺斯香草了，其中包含干燥薰衣草花和茴香籽，做成了香气更强的拼配。有些配方在基础上还包含罗勒、百里香、迷迭香、龙蒿、细叶芹、香薄荷、牛至、墨角兰和莳萝。

---

① 皮埃尔·德吕恩的《美食家》，载于《牛津食物指南》。

种子II

芥菜籽 / 孜然 / 罂粟籽 / 芝麻

所有的香料香草都有自己的传说和故事[①]，有些美丽，有些怪奇，有些下流，有些神圣。《圣经》中对香料的引用便是如此。希伯来和天主教经书中经常因其隐喻性和神奇的光环引用它们，这表明了它们在千年间的重要性与被熟知。

"雅歌"使用香料唤起愉悦，将爱慕的对象与之对比，"你园内所种的结了石榴，有佳美的果子，并凤仙花，与哪哒[②]树。有哪哒和番红花、菖蒲和桂树，并各样乳香木、没药、沉香与一切上等的果品。""旧约"中提到，杜松子是丰收的标志。肉桂经常被提到，是圣膏油的最重要组成部分（"你的衣服，都有没药沉香肉桂的香气。象牙宫中有丝弦乐器的声音，使你欢喜。""诗篇"45:8），也用于增香（"桂皮五百舍客勒，都按着圣所的平，又取橄榄油一

---

① 只有细叶芹除外，这种香草似乎被我们种植香草的故事爱好者祖先给忽略了。

② 哪哒是一种芳香植物油，也被称为麝香根。

欣。"出埃及记"30:24），以及作一般商品（"威但人，和雅完人，拿纺成的线、亮铁、桂皮、菖蒲，兑换你的货物。""以西结书"27：19）。

香料可能是象征性的，也可以被用作纪念。十字包，一种香料甜面包，上面的十字代表耶稣受难的十字架，而里面填的香料代表涂在耶稣身上的香料。

芥菜籽 / Mustard

耶稣用细小的芥菜籽作为寓言，寓意小小的开始，成长为稳固的根基，给予生命的实体：

> 他又设个比喻对他们说，天国好像一粒芥菜种，有人拿去种在田里。这原是百种里最小的，等到长起来，却比各样的菜都大，且成了树，天上的飞鸟来宿在他的枝上。[1]

不过，芥菜籽与巫术的关联更为频繁，既用于邪恶目的，也用于防范。在莎士比亚的《麦克白》中，女巫提到蝾螈的眼睛是她们著名的"双倍双倍艰难和麻烦"魔法的第一材料，不过她们说的并不是某种蝾螈，而是一种药草的古老称呼：芥菜籽。芥菜籽

---

[1]　"马太福音"13：31-32。

有使人困惑和迷失的传统，因此把它加进药剂是为了让可怜的麦克白晕头转向。

人们也可以用芥菜籽反击。吸血鬼有计数强迫症，他们会着迷于数清扔到他们路上的东西，从而中止邪恶计划。[1] 以芥菜籽的尺寸，一小把就够数到天亮了，人们可以借机计划逃跑方法，或者等到威胁消除（大约莎士比亚时代的世界就是这样的）。

可真多，数不清

芥菜籽是世界上最古老的香料之一，也是最受欢迎的香料之一。尽管这种黄色的调味品在野餐桌和热狗摊上随处可见，但这种美味的小种子被严重低估了。芥菜籽作为香料和调味品出现在各式菜肴中。从假日火腿到平日的便捷三明治，它给所有食物带来热感与活力。芥菜籽出现于各式中国辣酱、法国白汁、花式奶酪、儿童奶酪通心粉、家庭沙拉汁、体育场热狗中。芥菜籽既高雅又庸俗，既寻常又不凡，既简单又复杂。

香料和调味品的界限在哪？在最近几千年里的大部分时间里，香料和调味品是被合并、可以替换使用的，直到香料从药房和医生的处方中跑到厨房，它们才完全成为调味品。Condire 这个词

---

① 《芝麻街》中的伯爵是吸血鬼，这绝对不是偶然。拉杜·弗洛雷斯库（Radu Florescu）在《寻找德古拉》（*In Search of Dracula*）一书中进一步探索了这个传说。

来自为葬礼干燥尸体的习俗，意思是"to season"（做干燥或加味于），变为 condimentum，含义是"seasoning"（干燥处理或调味品）。[①] 在事无巨细的《牛津食物指南》中，艾伦·戴维森（Alan Davidson）谈到了分类，他首先对那些写了一整本书香料内容而没有尝试进行定义的作者表示了不满，然后貌似同意了赫伯特·斯坦利·雷德格罗夫（Herbert Stanley Redgrove）在其 1933 年出版的《香料和调味品》（*Spices and Condiments*）中提出的区别：

> 香草是芳香植物的草本部分；香料是植物干燥的其他部分——根茎、根、皮、花、种子；调味品是在餐桌上加到食物上的香料或其他风味物。那么芥菜叶将是一种香草，芥菜籽是一种香料，桌上芥末罐中的芥末是一种调味品。这是一组便利的定义方式，具有和预期可能出现的任何合理的定义方式一样接近日常使用的优点。[②]

香料和香草在这个宽泛的概念下，是合乎情理的，但芥菜籽的例子是有瑕疵的：涂在烤肉上的芥末粉，是一种香料，同样的芥末粉在餐桌上撒在三明治上，就变成一种调味品？

无论是在厨房里还是餐桌上添加芥菜籽，它早已被用来改善食物的味道。中世纪的农民经常在冬季使用芥菜籽，那时的人们

---

① 《香料：诱惑的历史》，158 页。
② 《牛津食物指南》，744 页。

多以清淡的肉干为食。^① 听听阿纳托尔·法郎士（Anatole France）
睿智的建议，他是一个法国人，住在法国^②："一个没有爱的故事就
像没有芥菜籽的牛肉：平淡无奇的菜。"^③

四千多年前芥菜籽在中国已经存在，在更久之前，以几何定理
闻名的古希腊数学家毕达哥拉斯建议，用涂抹芥菜籽处理虫叮和
蝎咬。^④ 在亚历山大大帝于公元 334 年开始征服波斯时，波斯帝国
的最后一位皇帝，大流士三世给亚历山大送去一袋芝麻，其中数
不清的芝麻象征着他庞大的军队。作为回应，亚历山大给大流士
送去一袋芥菜籽，也同样象征着听令于他的无尽军队，但他的军
队还有辣芥菜籽的劲头。^⑤

芥菜籽的种类

完整芥菜籽：种子有黄色、棕色和黑色的。有时将黄色种子称为白
色，有时将黑色种子称为棕色。完整的芥菜籽通常用作腌料，或
用于烹饪虾或蔬菜（如卷心菜和德式泡菜）的煮菜。黄色芥菜籽
风味最温和，棕色和黑色则一个比一个更辣。

研磨芥菜籽：芥菜籽在香料中也是不同寻常的，在干燥的时候它

---

① 《香料之书》，286 页。
② 法郎士因对文学和"真正的高卢性情"的贡献于 1921 年被授予诺贝尔文学奖。
③ "我是个好吃牛肉的人，我相信这确实伤害了我的头脑。"——威廉·莎士比亚。
④ 《好厨师的芥末书》（*The Good Cook's Book of Mustard*），8 页。
⑤ 《香料之书》，285 页。

几乎没有香气。需要加水并静置十分钟，以释放刺激的辣味。十分钟的时候辣味达到最高，在之后风味就会逐渐消失。

芥菜籽粉：将种子研磨成粉（过程类似于生产面粉：将种子磨碎并去壳）。这种干粉用来制作顺滑的芥末调味品和烹饪。

预制芥末：和胡椒一样，芥菜籽在刚破碎之后的风味最强，强烈的热感会随着氧化逐渐消失。这就是为什么从商店买回的预制芥末是在醋中的，而且比在家自制的更辣。醋保存风味的时间更长，但是会降低风味的强度。如果想要又辣又刺激的芥末酱，在厨房就可以制作，给干芥菜籽加水激活它的酶。

热水会破坏酶，所以给芥菜籽加水的时候应使用凉水。新鲜制得的芥末会有一些苦，尤其是在立即食用时，将其陈放几天可以使其更柔和，减少苦味（同时还有辣度）。

预制黄芥末：黄色的是最温和也是使用最广的芥末，但它依然有强烈的芥菜籽味道。黄色芥菜籽粉的最终制品光滑且易于涂抹，一点姜黄可以让黄色更亮。这是沙拉汁需要的芥末，因为它厚实的质地可以帮助油和醋混合到一起，并且提供风味。

预制棕芥末：棕芥末是由棕色芥菜籽制作，或者由棕色和黄色芥菜籽混合制作的更有活力的芥末。有一些片状麸皮会从研磨过程中遗留下来，为芥末增加了质感，同时赋予了棕芥末鲜明的视觉识别度。其他香料，如肉桂有时会被添加，以增加更多风味，不同程度改变热感和颗粒感。棕芥末用于火腿和其他熟制肉非常合适，因为它可以在重味的三明治，比如烟熏肉黑麦三明治中很好地保持风味。

第戎芥末（Dijon mustard）：著名，强烈，重味，使用棕色和黑色芥菜籽获得强烈的热感，而真正著称的特征是用白葡萄酒代替醋。大仲马在他的美食词典中为芥末写了十余页，并花了大笔墨写第戎芥末："如果不是那里发明了芥末，至少第戎复兴了它。"他宣称："容易理解的是，模仿者擅用了第戎芥末的名字为自己牟利。但第戎维持了它的至高无上。"①

整籽芥末（whole-grain mustard）：或多或少只是浸软的芥菜籽，破碎到足够让种子黏在一起，又不会失去种子外观和质地的程度，为菜品增添口感的绝佳食材。虽然整籽芥末可以由任意颜色的芥菜籽制作，但通常是棕色和黑色的，以获得强烈的辛辣风味。对于厚三明治和熟食奶酪盘②是不错的选择。

芥末酱：由棕色或黑色芥菜籽制作，磨碎浸入醋中，比起其他预制芥末，芥末酱更稠。虽然整籽芥末可以认为是一种"酱"，但芥末酱这个词通常是指添加辣椒、辣到让鼻子通气的版本。

随手撒一些

芥菜籽从古希腊人那里得到了名字，古希腊人调制了一种由磨

---

① 《美食词典》，171 页。
② 用于招待宾客的菜盘，不只有熟制肉和奶酪，通常还包含坚果、果干、面点和调味酱料。——译者注

碎芥菜籽和未发酵葡萄汁制作的饮料，被称为"must"。不过，是古罗马人将芥菜籽引入了高卢（大部分位于现今法国境内），芥末才成为芥末。不仅芥末遍布法国食谱，而且第戎还成为世界的芥末首都以及芥末制品的代名词。

这种植物耐寒，而且能够轻松适应新的种植地，这让它很快从易于种植的香料变为无法摆脱的杂草。据说，加州使命之路可以从芥菜识出，因为百年前旅行的西班牙传教士丢下了种子。为了标记出他们的经过之处，传教士们撒下芥菜籽，就像汉泽尔和格莱特用面包屑留下痕迹一样。

完整和磨粉的黄芥菜籽

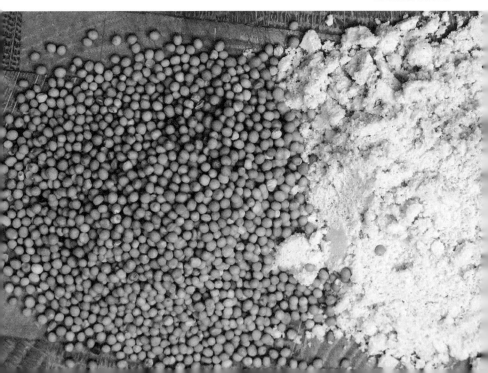

泡菜香料

. . . .

腌制曾经是保存食物的一种必要方法，尽管今天我们进行腌制主要是为了其中的风味。芥菜籽是卤水腌制香料中最常见的一种。通常在腌制中会使用完整的香料，但是有些情况会用到磨碎的芥菜籽，特别是英式辣泡菜（Piccalilli），一种混合蔬菜泡菜。几乎任何香料的任何组合都可以用于家庭腌制：黑胡椒和白胡椒、月桂叶、多香果、肉桂花蕾、豆蔻肉、丁香、姜、八角、莳萝籽、杜松子、芫荽、小豆蔻、干辣椒、蒜和姜黄，都在家庭腌制中找到了家。

蒂克斯伯里芥末和山葵

蒂克斯伯里芥末是芥菜籽和辣根的混合物，其历史至少可追溯至十六世纪。这种芥末因为这个镇上使用的"芥末球"而出名，芥末球是用当地干燥的芥菜籽和辣根做成球形，然后再干燥制成的，烹饪时从上面刮下需要的量即可。和蝾螈的眼睛一样，它也碰巧出现在了莎士比亚的作品中：

娃娃：他们说波因斯有个好脑瓜。

法斯塔夫：他好脑瓜！哈，他个狒狒！

他的脑瓜跟蒂克斯伯里芥末一样稠糊；

在他和一根棒槌之间就没有更接近的玩意了。

——《亨利四世》

如果你喜欢寿司馆里面的山葵，那么你实际喜欢的是蒂克斯伯里芥末（或者至少是其他类似的芥末）。英国广播公司（BBC）在2014年指出，只有百分之五的"山葵"是真材实料。真正的山葵昂贵且不易获得，尤其是在美国。即使是在日本，山葵昂贵的价格也足够将芥菜籽和辣根染成绿色。山葵会在研磨后的十五分钟失去其风味，因此对于需要大量分配调味品的餐馆来说，这也不够现实。

山葵拥有叶质、木质、绿色的风味，以干净、明亮的辣感猛击舌头，公平地说，仿制的东西确实达到了近似的程度。毕竟，山葵、芥菜籽、辣根是来自同一个科（十字花科）的植物，其中还包括西兰花、花椰菜、芜菁甘蓝和抱子甘蓝。

甚至高档商店里出售的山葵粉都是真正山葵、芥菜籽和辣根的混合物。有的人甚至会吹捧说，它们不只是芥菜籽和辣根，里面还有真正的山葵。购买冻干山葵和山葵粉的时候，仔细看看上面的配料表：如果第一成分是山葵，那么你会知道里面至少有一些真正的山葵。但（大部分情况）如果你看到的是"辣根，芥菜籽，山葵"，那么里面可能只有一点点山葵。

辣根
. . . .

　　与芥菜籽一样，辣根通常使用醋来预制，当辣根接触空气的时候，其强烈独特的风味会逐渐消失。辣根应该是白色的，黑色的已经吸收了空气，不能提供你想要的风味。它常与牛肉和烤肉搭配，因为它与脂肪丰富的食物可以很好搭配。辣根粉是个方便的选择，加上水就是刺激的辣根酱。不要烹饪辣根，这样会让它失去锋芒，在烹饪结束的时候再放。

孜然 / Cumin

　　孜然在宗教上不太有名，但同样被低估了。最晚在公元前1550 年，孜然就已经被埃及人使用，被列为药用植物。[1] 最常见的是，孜然与忠诚的关系，古埃及士兵和商人会带上孜然，提醒自己在家里有那些正在等候他们的人。许多故事将孜然与幸福的婚姻和忠诚联系在了一起，这个象征甚至超越了人际关系，人们知道，孜然可以防止"家禽离开农场范围"。[2]

　　孜然（cumin）一词来自闪米特文（ku-mi-no）[3]，今日它和召唤

---

[1]　埃伯斯纸草卷，通过《香料之书》，218 页

[2]　《香料之书》，63 页。

[3]　《香料：诱惑的历史》，240 页。

（summon）、人类（human）或流明（lumen）押韵。孜然曾在古希腊和古罗马被使用，并在中世纪欧洲很流行。[①] 普林尼认为孜然是调味品之王 [②]，他是对的。在世界的某些地方，孜然是仅次于黑胡椒的最受欢迎香料。很多人将孜然和墨西哥烹饪以及辣椒联系起来，尽管它是被欧洲人引入之后才被使用的。印度、中东、北非都大量使用孜然。在现代埃及，人们经常在杜卡（duqqa）中和它一起混入榛子和芫荽。

孜然依旧没有在美国流行起来，经常被视为偶然出现的"秘密配方"。但它依然能够与禽肉和肉馅，米饭和小扁豆菜品，酱汁（重味的如番茄大蒜意面酱）和酸奶蘸料，几乎所有汤和炖菜很好搭配。孜然通常是咖喱中的主要香料，还是辣椒粉中的重要成分。它搭配高纤维面包是不错的选择，还能增加奶酪的复杂性，并为鸡蛋调味。孜然功能广泛，值得多多使用和称赞。

美国的大部分孜然供应来自印度，孜然在印度非常受欢迎，印度既是世界上最大的孜然生产国，也是最大的孜然消费国。除了印度孜然，还可能买到巴基斯坦、土耳其和叙利亚孜然。如果你不在美国，很可能买到的是伊朗孜然，这个品种以前很常见，不过由于贸易制裁已不能进口。当然，也可以自己种植孜然。迷信说，

---

① "你应该了解的关于孜然的事情"（What You Should Know About Cumin Seed），美国香料贸易协会。

② 《香料之书》，63 页。

在种下你的孜然种子的同时诅咒它们，就能产出"出色的作物"。[1]

尽管不难找到完整的孜然，不过使用更多的是孜然粉。如果使用一般的胡椒研磨器，请先研磨一些不要的干面包，然后清理干净。我用研钵和研杵研磨孜然，如果你只需要一点，这样就很方便。研磨前轻微烘烤，可以让孜然更美味。

完整的孜然可以作为汤或小扁豆的装饰，就像辣味面包块。烘烤它可以让整个屋子闻起来很神奇。未经烘烤的孜然会有很强的孜然味，我不会就这么直接吃。不过我不介意把烤过的孜然当作零食。

---

[1] "香料汇编"，7 页。

完整孜然和孜然粉

罂粟籽 / Poppy

犹太节日普珥节有一种出名的食物：三角形的糕点"哈曼的口袋"（*hamantaschen*），里面装着罂粟籽馅料。这种糕点最初的名字是 *muntashen*，*mun* 在意第绪文中就是罂粟籽的意思。[1]普珥节庆祝流落波斯的犹太人从哈曼的灭族计划中幸存，哈曼的计划被秘密的犹太王后挫败。可能德语中的 *mohn*（罂粟）一词和 *tash*（袋子）一词合成了 *mohntash*，然后变成了诙谐的 *hamantash*。[2]一些旧插画中的哈曼就经常被画成戴着三角形的帽子，也许就是后来的三角形糕点。[3]

不同的罂粟籽糕点在大部分欧洲、中东和印度流行，已经有数千年的历史。公元一世纪，普林尼记录了备受喜爱的罗马食谱，用到焦干的罂粟籽和蜂蜜。公元二世纪，古希腊的盖伦公开支持加到面包中的碾碎罂粟籽。在欧洲中世纪，罂粟籽被用作调味品，以及加入面包。

如今，罂粟籽被用于蛋糕和面包馅料，它们的蓝灰色散落在面包和饼干上，是一种诱人的装饰。用于沙拉汁，它让油和醋的组合更具质感。一些鸡蛋和土豆菜品也需要罂粟籽。如需在家研磨罂粟籽，务必先烘烤罂粟籽，并使用手动研磨器。

---

[1]　《每个人的普珥节指南》（*Every Person's Guide to Purim*），23 页。
[2]　《普珥节文集》（*The Purim Anthology*），492 页。
[3]　《每个人的普珥节指南》，23 页。

鸦片

．．．．

干燥后作为香料的罂粟籽是无害的，但罂粟籽的烹饪用途和鸦片一直是同时存在的。这可以追溯至公元前 1400 年，在克里特的伽兹，圣所中有一尊罂粟女神的雕像，据说那里的妇女为了鸦片而种植罂粟。[①] 鸦片用于制造吗啡（morphine），吗啡是一种止痛镇静剂，以希腊的梦之神摩耳甫斯（Morpheus）命名。

芝麻 / Sesame

在《一千零一夜》中，阿里巴巴发现了一个藏宝洞。他命令道：

―――――――――

① 《香料之书》，354 页。

罂粟籽

"芝麻开门。"财富就属于他了。这句著名的口令中之所以使用了芝麻，是因为非常成熟的芝麻种荚，只需轻轻一触就会裂开，露出其中的种子。不过，芝麻的历史可以追溯至更远。

古代亚述人在石板上提到过芝麻，其中一些石板是目前已知的最古老的文字记录。石板上讲述了众神在创造大地之前的晚上喝芝麻酒的故事。芝麻的生产至少在公元前 1600 年前，就已于底格里斯河和幼发拉底河流域开始。[①] 芝麻被用来酿酒及制造芝麻油，这两个似乎都早于将芝麻用作香料。

如今，芝麻依然在那些拥有漫长历史的地方被使用着，在阿拉伯、埃及、东非、中国、韩国、黎巴嫩，尤其是印度和日本烹饪中很常见。世界上大部分芝麻作物被用来制油，芝麻油在中国和日本很常见。芝麻酱，一种将芝麻磨粉制成的酱汁，在世界很多地方都相当流行，尤其是作为犹太哈尔瓦酥糖的基础。

芝麻混入或撒在各种面点上：面包、面包卷、贝果、饼干和面包。在美国，数以百万计的芝麻被应用于快餐店供应的汉堡面包。印度也在烘焙食品、一些抓饭和甜点蒂尔卡特（tilkut）上使用芝麻。在日本，芝麻被加进米饭、豆腐和酱汁中，或烘烤后和盐混合制成调味品芝麻盐（gomashio）。芝麻经常被加到保健品中，因为这种种子含有良好的脂肪酸、抗氧化剂和蛋白质。

烘烤芝麻能最大化它丰富的坚果风味。但是，如果将芝麻用

---

① 《香料之书》，394 页。

在面包或者其他烘焙食品的表面，随着烘焙就完成了芝麻的烘烤。要烘烤芝麻，只需将它们放进平底锅，不加油，用小火加热。每隔一两分钟摇晃一次。它们会在大约五分钟的时候变成褐色。但是因为它们的个头很小，容易烤煳，所以请保持留意。与孜然一样，我不会直接把芝麻作为零食，不过我很乐意吃一些烘烤过的。

黑芝麻

黑芝麻的味道和白芝麻很相似，不过黑芝麻更脆一些。我经常把黑芝麻和白芝麻一起烘烤，因为这样很容易通过白芝麻观察，芝麻是否开始变成褐色，或者已经被烤煳了。混合的黑白芝麻可以给鱼增添不错的口感；添加到"全都放"贝果（everything bagel）和

白芝麻

种子面包，会赋予另一层风味。在某些亚洲菜品，尤其是日本的，黑芝麻被要求单独使用。

棕芝麻

通常，棕色和金色的芝麻只是经过烘烤的白芝麻，但是在保健品商店，有一种正在增长的趋势，就是出售未去壳的芝麻，这种种子的颜色天然是浅棕色的。它的提倡者声称，在这层谷壳中含有更多营养。未去壳的芝麻也被称为全芝麻（这就像突出玉米芯对玉米粒的作用）。

芝麻开放派

皮尔斯伯里烘焙比赛是不列颠烘焙比赛的前身，于 1949 年开始推广它的"最佳面粉"产品。[1] 皮尔斯伯里的工作人员筛选数千份食谱，邀请前一百位食谱的作者在观众面前现场进行制作。1955年，获奖的食谱是芝麻开放派[2]。按照皮尔斯伯里的说法，在比赛

---

[1] 皮尔斯伯里烘焙比赛（Pillsbury Bake-Off）是不列颠烘焙比赛（The Great British Bake-Off）到了美国就改名为不列颠烹饪秀（The Great British Cooking Show）的原因，皮尔斯伯里要求使用"Bake-Off"的版权费。

[2] 按照馅料的填充方式，派大致可分为三种：先把派皮铺在烤盘上，再放馅料；先放馅料，再盖派皮；派皮完全包住馅料。第一种就是开放派，也叫填平派（filled pie）。——译者注

之后，很快出现了芝麻短缺的状态，因为太多人想要制作这个食谱了。[1] 很多香料公司开始首次出售芝麻，烘焙师推出了更多以芝麻为卖点的面包，甚至汉堡用的面包也增加了芝麻用量。在五年内，美国的芝麻进口量增加了一倍。[2]

[1] "皮尔斯伯里烘焙比赛的历史"（History of the Pillsbury Bake-Off Contest），Pillsbury.com。

[2] "你应该了解的关于芝麻的事情"（What You Should Know About Sesame Seeds），美国香料贸易协会。

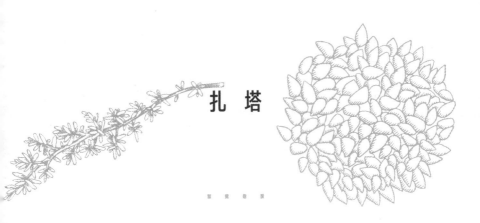

扎 塔

就像时尚一样，饮食趋势也为各种来来去去的风格所塑造，香料亦在其中起起伏伏。当二十世纪七十年代从中国进口香料时，八角对美国厨师来说必定飘着异国情调。世界变得越来越小，人们和食物穿越各种边界，它们带着新的风味适应并融入不同的文化。

因此，在芝加哥的一家时髦的新餐厅看到扎塔列在与其不相关菜品的配料中，我并不感到惊讶（等待时间很长，斯巴达式的装饰，菜单凝练地表达了要点）。过去几年中，调味（seasoning）从中东餐厅冲出，进入了那些能够影响国家饮食趋势的厨房。不过，看到它们跑进一家芝加哥酒厂的手工淡色艾尔啤酒，还是让我颇为惊讶。大部分啤酒的描述文字都够长，比用它们搭配的食物的配料表还详尽，不过我注意到了一个，很简洁：以扎塔香料酿造。挡不住这股好奇，花了不少钱后，我拿到了一杯完美平淡的饮料。扎塔的味道奇妙而丰富，而我手里的，只是一个噱头。

在美国，扎塔通常包含百里香、芝麻和盐肤木。盐肤木是一种有趣的酸味香料，通过扎塔获得越来越多的欢迎，一些餐馆甚至用"扎塔香料"来描述盐肤木。① 在中东地区，扎塔的重要性延续了几个世纪，就相当于盐和胡椒在美国：无处不在，必不可少，几乎就是本能反应。扎塔是全能调味品，用于肉类、蔬菜菜品，也为鹰嘴豆泥、脱乳清酸奶（希腊酸奶）和鸡蛋调味。扎塔为面包，如皮塔（pita）调味时非常出众，或者可以将其直接混入面团，制成重味、可口的面包。

哥伦布香料

　　扎塔是世界各地美食雷达中的新光点，也是全球香料兴趣的一次教训，以及克里斯托弗·哥伦布应得的荣誉。被探索香料的兴趣所吸引，欧洲人到美洲殖民，最近的新词"Columbusing"，用来描述对其他文化中的长期存在的文化"发现"，常见的现象是地区食物漂洋过海来到我们的餐桌。这种现象本身不是问题，问题在于这些食物的新说明通常会抹掉它的传统文化，在挪用之后，其本身的历史和文化背景被重写。因此，下面有关于扎塔，即当下的"他者"香料的两堂简短的课。

　　第一个：扎塔在这个国家主要被理解为一种混合香料，但实际上它并没有严格的配方和比例。不同的扎塔在中东存在了数个

---

① 你不需要在后面加上香料两个字，真的。

世纪。类似于咖喱，这是一种完全美国的现代现象，将各色纷呈的变化和种类合并在一起，将它们降低成一种限定性概念。美国人知道扎塔含有盐肤木、百里香和芝麻，但是在伊拉克、叙利亚、沙特阿拉伯、巴勒斯坦、约旦、埃及、摩洛哥和土耳其，扎塔所包含的内容随所在的地方、种族和家庭的不同而千变万化，虽然它们都有强烈的香草元素。没有一种标准的扎塔，就像美国的烧烤调味没有标准一样。扎塔中经常有盐和孜然，并且可以根据喜好在基础上添加其他香料。

第二个：扎塔也是一种香草的名字。这个词原本是阿拉伯语中一个植物科中几种经常用于烹饪的野生香草的名字。[①] 它指的是野生或在小块土地和花园中种植的牛至、百里香和香薄荷等几种香草，而不是某一种。根据几位著名犹太学者作品的翻译，这个名称最恰当的是指圣经牛膝草[②]。中东地区种植的扎塔香草未必与在美国大量生产的百里香或牛至相同，中东的这些香草通常是类似的，但每种的数量都不足以出口，因为，在我们的混合香料中用的是容易获取的牛至。

---

① 《牛津食物指南》，863 页。
② 也被称作黎巴嫩牛至或叙利亚牛至。不要和波斯牛膝草（西班牙牛至）和牛膝草弄混。

干燥和研磨后的盐肤木

盐肤木 / Sumac

盐肤木是盐肤木植物的果实，经过干燥和粗研磨。它的酸味非常独特，无论用在哪里都会带来酸和类似柠檬的刺激。盐肤木另一个被低估的优点是它类似盐的属性，它可以带出食物的风味。深红的颜色也让盐肤木非常引人注目。盐肤木为鹰嘴豆泥和中东茄子泥（baba ghanoush）增添洋溢的风味和吸引力。盐肤木原产于非洲、东亚、北美，被广泛应用于中东烹饪，在巴勒斯坦非常流行，用于当地的著名美食穆萨罕（musakhan）[①]。

狩猎采集爱好者喜欢寻找野生的盐肤木，但这是需要特别注意的。在美国西部，有一种有毒的盐肤木会用树脂覆盖自己，会让过路者起刺激性皮疹，当地人会特别注意不要燃烧这种树，因为吸入它的树脂可能会致命。美洲原住民最先发现了可以制作酸味

---

① 被认为是巴勒斯坦的代表美食，制作方法大致是用多种香料烤鸡并盛在馕上。——译者注

有营养饮料的无毒品种。[①] 有些人会在添加柠檬时慵懒地说，"su-mac-ade"（盐肤木酸）。

　　盐肤木可以加入鸡和鱼，带来中东风味。还可以和菲达奶酪及橄榄油完美搭配，作为面包蘸料。在大多数食谱中，可以使用盐肤木代替柠檬，这是古罗马人接触柠檬之前的做法。

---

① 《伯恩斯·菲尔普香料书》(*The Burns Philp Book of Spices*)，55 页。

蒜，洋葱，火葱和虾夷葱

在所有迷信的香料里，蒜都是够迷信（又有味道）的那一个。它是对抗吸血鬼的最佳武器之一，只不过武器消耗水平有些高。在德古拉的出生地特兰西瓦尼亚，蒜是找出吸血鬼的最佳方式：任何不喜欢蒜的人都会被立即怀疑是不死生物。蒜不仅可以发现我们之中的吸血鬼，还能够将它们拒之门外。由于吸血鬼有多种形态，包括蛇、蝙蝠和气体，因此必须在门、窗，以及钥匙孔上都擦好蒜。[1] 农场动物们也不安全，也必须擦好蒜。绵羊看起来是易受侵袭的对象，所以必须多加留意、仔细擦拭。

蒜被认为可以保护使用者免于多种原因导致的死亡：包括疾病、巫术和鬼灵。在中世纪的东欧，人们有时会认为糟糕的健康状况是恶灵入侵身体造成的，[2] 蒜可以击退这些灵体。奥德修斯喝下野

[1] 《寻找德古拉》，120 页。

[2] 《狂热者的洋葱、蒜、火葱和韭葱极乐芳香指南》（ *The Fanatic's Ecstatic Aromatic Guide to Onions, Garlic, Shallots and Leeks* ），59 页。

蒜保护自己免遭喀耳刻的妖术，① 古希腊人将蒜献给魔法女神赫卡忒。② 蒜也被发现于古埃及法老图坦卡蒙的陵墓，可能是为了在来世之旅中为他提供保护。建造陵墓的埃及奴隶也会吃蒜，可能是为了让他们活足够长的时间来完成建造。③

　　蒜提供的保护也使其与增进勇气联系起来，让它成为士兵的佳肴。"大口吃下这些蒜瓣，"古希腊剧作家阿里斯托芬写道，"用蒜准备好自己，在战斗中你将拥有更强的勇气。"在他的剧作《吕西斯忒拉忒》（Lysistrata）中，希望战争结束的妻子不仅答应禁止丈夫的性行为，还要禁止蒜。"只要你敢跟我测试力量，老灰胡子，"女人向老人齐唱，"我就保证你再也吃不到蒜。"

　　蒜在士兵和普通百姓中受到的欢迎点起了富人的怒火。当堂·吉诃德担任总督时，他警告桑丘·潘萨不要吃蒜和洋葱，"因为它们的味道会表示你是个农民。"和往常一样，塞万提斯的讽刺暴露了他所写时代的真相。上层阶级对蒜的鄙视可以一直追溯至古罗马，贵族将蒜和食用蒜的行为理解为低俗的标志。④

---

① 《奥德赛》。
② 《辉煌之蒜》（Glorious Garlic），8 页。
③ "啤酒、蒜，金字塔劳工的燃料"（Beer, Garlic Stoked Labor of Pyramids），《芝加哥论坛报》（Chicago Tribune）。
④ 《香料之书》，311 页。

葱属家族

蒜是一种香料吗？葱属包含蒜、洋葱、韭葱、火葱、青葱和虾夷葱，其中的成员经常会被归为自己一类，其中可能和香料有不少共同点，但形态上却更接近香草。[①]谦卑的葱属被贵族们指定为非香料，因为大量或廉价就是配不上的代名词。然而，蒜是世界上最受欢迎的风味之一，洋葱和火葱是很多菜品的支柱、香料架上的劳动者。这些有味道的鳞茎经历了劳苦，但它们的德行却不为人知，它们的贡献被其他耀眼的食材所遮盖。但不喜欢葱属的厨师会遭遇失败，对它们表示一些尊敬会让人在厨房更加顺利。

跟香草一样，葱属可以新鲜使用，也可以干燥，尽管通常被叫作脱水使用。既有百才的鲜葱，就有干葱的一用。就像众多香草，手边有干燥洋葱和蒜是必不可少的。[②]甚至可以在一餐中同时使用干燥的和新鲜的，因为干燥的味道与新鲜的略有不同，有时还会更胜一筹。大多数葱属植物还可以当作食材，通常在未成熟的时候收获，风味不变但更柔和。蒜、洋葱、韭葱、虾夷葱和火葱都有可以放入香料架的干燥形态。

---

① 甚至它们的名字都有关联，中世纪英语 garlek 源自古英语 gārlēac，由 gār（嫩茎）和 lēac（韭葱）组成。蒜是韭葱的嫩茎（准确说鳞茎是茎）。

② 对于不喜欢食物中洋葱的挑食吃客，这是个不错的选择。干洋葱会消散在菜品中，挑食的人什么也挑不出来，你也得到了必不可少的洋葱风味。

蒜 / Garlic

如果我只能选择三种香料带去荒岛，我会选择盐、胡椒和蒜。有这三剑客就可以给很多食物调味，它们是我厨房的常客。蒜使鸡蛋由平淡变得美味，给蔬菜带来活力，给鸡肉和鱼带来额外的趣味和复杂性。我最爱的混合调味料中，大多以这三种作为基础，再添加其他香料让风味丰满。很少有蒜不能提升的咸鲜菜品。

蒜在整个烹饪领域都是熟客。使用它的食物可以开一场展览：蒜面包；酱汁、汤和沙拉汁的常见起始食材；添加到肉制品和奶酪中，用来激发风味；很多混合香料中都少不了蒜粒。蒜，既可以为需要呈现的风味提供坚实的基础，也可以作为菜品的主要风味。

比起其他葱属成员，蒜有更多的形态，从粉末、颗粒，到脱水的薄片和大块。大块的脱水蒜适合悠闲的烹饪时光，比如需要在炉子上慢煮一会儿的酱汁，汤和炖菜，或其他需要慢煮的菜品。遇到这些大块的干蒜，蒜爱好者可以说是多了个狐朋狗友。那些更小的蒜粒适合用于快速制作的酱汁，因为它们吸水很快，在盘子中也不显眼（如果你介意的话这就是个优点）。不过口感，才是蒜粒的要点所在。

当仅需要蒜的风味时，就是蒜粉和蒜粒的用武之地。与糖类似，蒜粉的研磨很细，蒜粒有较粗的颗粒。蒜粒是标准，即使食谱要求使用蒜粉，也可以用蒜粒替代。一茶匙蒜粒大约相当于一个中等大小的蒜瓣，一个半汤匙的蒜粒大约相当于一整头蒜。

有一个规则适用于所有上述干蒜：只有在与液体接触时，蒜的风味才会释放。在大多数情况下，这不会是问题，但是有些情况，比如你想在没有汁的沙拉中添加一些蒜的风味，就需要在水中让干蒜复原。水与蒜等量，静置十五分钟，然后加入干碟。

可以在胡椒研磨器中研磨脱水的蒜、洋葱和火葱，用于调味。

黑蒜

····

黑蒜是我香料架上的新成员（当然我其实是放在冰箱里面），但在亚洲它一直是常见的食材，尤其是在朝鲜半岛。通过类似于发酵的过程，普通的蒜在控温环境下陈化数周，从而发生微生物反应（美拉德反应）。蒜的边缘变软并焦糖化，出现水果味和耐嚼的质地。黑蒜不能代替白蒜，它的味道截然不同，而且弱了太多。我喜欢在一些简单的煸炒蔬菜中混合使用黑蒜和白蒜。

蒜的味道

因为蒜可削弱死亡

忍受它致命的味道。

——诺曼底的罗贝尔，1100 年

对于那些担心吃了葱属植物后嘴里味道的人，我一向没有什么耐心——如果更关心嘴里的味道，而不是胃的满足，美食又有什么意义呢？有点蒜味，对于一餐有蒜参与的美味绝对是值得的。此外，还有很多香料可以自然地使人口气变甜——如果就这样把蒜放了回去，放弃治疗吧。经常光顾印度餐馆的人都知道茴香籽，有时是被糖包裹的。薄荷和小豆蔻也可以让人口气清新。

手上的蒜味就是另一回事了。即使洗过手，蒜味还是会留在皮肤上——脱离了蒜味美食的背景，蒜味就不那么令人享受了。我推荐两种有效的方法：柠檬或新鲜欧芹。如果用柠檬，将果汁挤在手上，双手搓揉大约一分钟，重点是让柠檬汁覆盖手的全部表面，然后冲洗。蒜味就没了。这个方法也有缺点，如果你的手被割了一个小口，或者有倒刺，我的天啊，真——疼！

在这种情况，请使用新鲜的欧芹。大致将欧芹切碎，尽量让它们在手上分散。也可以嚼欧芹来覆盖蒜的味道。由于柠檬和欧芹在准备做饭时很常见，留下一些用来清除手上恼人的蒜味并不是难事。

如果两样都没有，剩下的解决方案就是盐糊。你应该保持厨房里面有盐（否则就是另一个更严重的问题）。将一些盐（大约两汤匙），不要太抠门，放进一个小碗或者小模具中，加水，用手指混合，直到成为糊状。将这个糊擦到手上。和柠檬一样，如果手上有任何创口，那可就糟了。但效果还是有的。[①]

对德古拉有害的就对你有益

对于我们当中不是那个叫德古拉的人来说（能在阳光下看到自己影子的），蒜是个好东西。它的药用和食用一直是并行的：古埃及人在公元前 1500 年就开始使用蒜来治疗头痛、肿瘤和心脏疾病，生活于公元前一世纪的古希腊医生迪奥斯科里德斯开出了治疗体内疾病的蒜处方。几百年后，到了公元二世纪，古希腊医生盖伦从开出蒜的处方用于治疗特定病症，到后来推荐将蒜用作万能处方，甚至作为解毒剂。普林尼相信蒜可以治疗从溃疡到哮喘的几十种疾病。[②] 大仲马写道："普罗旺斯的空气中满满是蒜，这让它对健康非常有益。"[③] 在美洲生长的品种被一些部落制成了茶，据说

[①]　是的，我听说并尝试过不锈钢的方法。这种理论认为，用不锈钢摩擦双手可以消除蒜的味道，甚至一些企业会仅为这一个目的出售不锈钢块。可以先拿家里的水龙头搓搓试试。真相是，不锈钢这招行不通。

[②]　《辉煌之蒜》，6 页。

[③]　《美食词典》，129 页。

曾是用来治疗头痛的方法。[1]

今日，蒜被认为是预防疾病的最佳食品之一。一项研究（毫不奇怪，来自意大利）表明，蒜会伤害我们胃中的"坏"细菌，从而让好的细菌得到机会生长。[2] 化合物大蒜素，就是为蒜的气味负责的家伙，有研究发现了它抗真菌和细菌的潜力。虽然在吹捧中，蒜胶囊能够预防从普通感冒到癌症的所有疾病，一项从 2016 年开始的元分析回顾了现有的数据并总结，各项研究中有一些"有前景"的结果，但还需要进行更多的工作才能证明大蒜素的实际功效。[3]

一般来说，摄入香料、蔬菜和未经加工的食品不是件坏事。科学看起来正在赶上人们对蒜的长期理解。也许这一切都是安慰剂作用，而蒜只是一种美味的食品，也许是其强烈的气味让它似乎拥有了药用价值，才让传统医学将其纳入。我从未被说服相信在天然状态之外吃食物会发挥它的全部作用，所以我选择吃新鲜和干燥的蒜，而不是蒜的胶囊。至少，吃蒜不会有害。[4] 在最好的情况下，也许科学会证明它的一些作用。

---

[1]　《辉煌之蒜》，6 页。

[2]　"蒜粉对肠胃道中共生细菌生长的影响"（Effect of garlic powder on the growth of commensal bacteria from the gastrointestinal tract），《草药医学》（*Phytomedicine*）。

[3]　安娜·马尔凯塞（Anna Marchese）等，"大蒜素的抗真菌和抗细菌功能：回顾"（Antifungal and antibacterial activities of allicin: A review），《食品科学技术趋势》（*Trends in Food Science & Technology*）。

[4]　当然，除非你的医生有特别的嘱咐。

火葱 / Shallot

冻干火葱被严重低估了。它是比干燥洋葱和蒜更有效的烹饪捷径，因为冻干的火葱能够取代新鲜的火葱，同时不失去本身独特的甜味。与其他干燥葱属一样，如果不是在液体中烹饪冻干火葱，则应该在等量的水或红酒中进行复原，来突出火葱独特的风味。

冷冻干燥和脱水之间的区别：冷冻干燥去除了食物中的几乎所有水分（高达 99%），而脱水会去除食物中大约 90% 的水分。去除的水分越多，食物就能存放更长时间而不变质，换个说法就是，冻干食物比脱水食物更耐放。

冻干火葱

洋葱 / Onion

干燥洋葱——无论是条、块、粉或粒——是添加洋葱风味的捷径，可以省去去皮、切碎和烹饪的工作。它在酱汁中最有用，而且是往蘸汁中添加洋葱风味的无疑选择。为生产脱水产品而种植的洋葱，与在超市买到的新鲜洋葱有些不同，那些最终会脱水的洋葱从种植过程中就拥有较少的水分，同时保持一致的刺激性和白色，干燥后颜色会变成与一般洋葱一致。

可以用脱水洋葱替换新鲜洋葱，而且使用的时候还不用哭一鼻子。烤洋葱粒在某种程度上复制了煸炒洋葱的风味。和蒜一样，洋葱粉和洋葱粒如果在没有液体的情况下使用，应该事先进行复原。一茶匙半的洋葱粉大致相当于四分之一杯（约63毫升）鲜洋葱块。

虾夷葱 / Chives

似乎大多数人都是通过烤土豆皮，与车打奶酪、培根和酸奶油一起认识的虾夷葱。比洋葱和蒜的风味柔和，虾夷葱是葱属中的小弟弟，无论它落在哪里，总能带来清新、明亮和泥土风味。虾夷葱可以在土豆皮上和酸奶油搭配，也可以与黄油混合，在炒蛋和西式蛋饼中使用，也可以撒在奶酪意面和汤上作为装饰。

与其他葱属成员相同，新鲜的虾夷葱非常好，但可以放在香料

干燥虾夷葱

架上或装进调味瓶里的干燥虾夷葱更实用，可以随时为餐盘装饰上明亮的绿色，或添加风味。虾夷葱在超市里不像其他葱属成员那样可以随时买到，因此把干燥虾夷葱随时放在手边就更重要了。

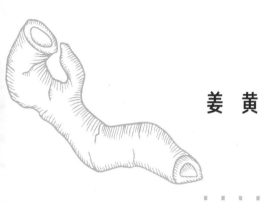

姜 黄

如果你正在服用的保健品中含有香料，那很有可能就是姜黄。2013 年前后，姜黄占领了便利店和保健品货架，成为备受欢迎的下一个"超级食品"。如果你以前不熟悉这种亮橙色的香料，现在你一定知道了，看看那些胶囊、红茶菌和保健食品果汁／冰沙。你不知道你的朋友最近怎么了，但似乎就是应该推荐吃点儿姜黄。

尽管还需要更多研究，但是有证据显示，姜黄的活性成分姜黄素，确实对健康有一些正面作用。[①] 对姜黄类药物的研究表明它可能"减少接受旁路治疗患者术后的发病次数""控制由骨关节炎引发的膝关节疼痛，类似布洛芬""减少乳腺癌放射治疗后经常发生的皮肤刺激"。[②] 也许科学会在最后证明很多人的说法：姜黄能改善消化问题；能减轻炎症型关节疼痛和关节炎；能治疗心脏问题、溃疡、阿尔兹海默症、肝脏问题和癌症。姜黄变得如此流行，已

---

① 根据美国国立卫生研究院对现有关于姜黄的研究得出。
② 美国国立卫生研究院。

经从保健食品商店和替代医疗商品架，冲入了便利店和主流趋势。甚至我的狗生病时，宠物食品店里的人也向我推荐姜黄。

姜黄挺好，既美味又有营养，但不是万灵药。不过即使姜黄不具有那些尚未被证实的功效，多吃些植物也一直是个好主意，因为它们明显含有我们所需的营养。在印度，长期以来姜黄一直被用于草药疗法，至今仍用于治疗感冒。[①] 姜黄可能，甚至很有可能具有一些健康益处，但是将一堆干姜黄塞进胶囊然后吞进肚里的想法还是让我不寒而栗，感觉就像一颗炸弹随时会爆炸。我赞同美食作家迈克尔·波伦（Michael Pollan）在其写作中提出的概念：将营养素分离并大量食用，其效果永远不会像以天然形式食用那样好。最好是通过吃各种蔬菜来获取维生素，而不是服用多种维生素药丸。我们不能用其他东西替代食用真正的蔬菜。

就姜黄本身来说，它不是一种令人愉悦的香料。苦是大多数人用来形容姜黄的词，尽管其他词还有泥土、根、些许胡椒味。姜黄是一种最好与其他香料一同使用的香料，这也解释了为什么姜黄是很多咖喱的关键成分。我想最好是将姜黄和其他香料混合，然后加入蛋白质和脂肪，大家坐在一起品尝。

此外，它介于橙黄之间的明亮金色为酱汁增添了令人愉悦的色调。马可·波罗在 1289 年写到姜黄："还有一种蔬菜，它有着番红花的所有特性，包括颜色，但它并不是真正的番红花。对它的

① "你应该了解的关于姜黄的事情"（What You Should Know About Turmeric），美国香料贸易协会。

评价很高，是所有菜肴的成分，因此它的价格高昂。"这是夸大：姜黄没有番红花的味道，但是有番红花的颜色。

在其大部分历史中，姜黄一直被用作天然染料，是已知最早的染料之一。[①] 今日，姜黄再次踏上植物天然染料的旅程，赋予食物、织物，甚至头发闪耀的黄色。只需要一点儿，就可以让食物变为亮丽的金色。姜黄为芥末，以及各种开胃小菜、酸辣酱（chutney）、腌渍菜品带来鲜艳的黄色。它也被用来给魔鬼蛋(deviled egg)提亮，并为黄油、人造黄油和一些奶酪增加金色调。[②] 正如马可·波罗写的，它还能用来伪造番红花。在中世纪，姜黄有时也被称作印度番红花或东方番红花，这让人加倍困惑，因为那里正是番红花实际的来路。[③]

跟姜一样，姜黄是根茎，不是根。收获后，姜黄会被浸于煮沸的水或碱水，然后日晒或烘干。姜黄生长于印度、泰国及太平洋岛屿，不过其原生地不明。没有发现野生的姜黄，但已在亚述、中国和印度栽培了两千多年。[④] 一些证据表示，越南的交趾支那是姜黄的原产地。[⑤]

---

① 《香料之书》，64 页。

② 《香草和香料全书》，256 页。

③ 《香料的传说》，150 页。

④ 《香草和香料全书》，255 页。

⑤ 《香料》，422 页。

姜黄的种类

　　姜黄分为印度姜黄和其他姜黄。印度生产了世界上的绝大部分姜黄，并且绝大部分被留在了印度，因为那里的咖喱和其他菜品的姜黄使用量远远超过世界上的其他地方。姜黄的两个主要品种是马德拉斯（Madras）和阿勒皮（Alleppy）。[①] 阿勒皮是两者中质量较高的，此品种是美国主要进口和使用的。总体而言，阿勒皮的味道更浓，金色更深，姜黄素含量（医学和健康相关的性能，也是颜色的指标）范围在 2.5% 至 5.5%，而马德拉只有大约 2%。[②] 如果希望从姜黄中获得健康助益，你需要的姜黄指标应至少为 5%。

[①]　美国香料贸易协会报道，在印度有大约三十种不同的姜黄，尽管只有马德拉斯和阿勒皮具有"商业意义"。

[②]　"你应该了解的关于姜黄的事情"，美国香料贸易协会。

咖喱

姜黄是很多咖喱粉中的关键香料，为橙色的咖喱赋予颜色，尤其是在美国常见的香料烤鸡咖喱。不过香料烤鸡咖喱只是众多咖喱中的一种，用它来概述丰富的咖喱世界，就如同将所有意大利面简化成番茄意面。

与香料的定义一样，咖喱的定义也必须是宽泛的。许多人对咖喱的定义都是来自自己手头拥有的咖喱。关于这个词没有严格的定义，可以指成百上千种添加香料的肉类或蔬菜菜品，也可以指这些菜品中添加的香料。咖喱是个笼统的词，就像酱这个词一样模糊不清。梅里亚姆—韦伯斯特词典的定义是："印度美食中的以一类强烈混合香料调味的某种食品、菜品或酱汁；也指以咖喱粉调味的食物或菜品。"

印度咖喱可以包含几种到几十种任何香料，并且有更具体的名称，罗根乔希（rogan josh）、格拉姆玛萨拉（garam masala）、温达卢（vindaloo）、拷玛（korma），都是常去印度餐馆的人熟知的。

在美国，大多数咖喱粉都包含一组核心香料：孜然、姜黄、芫荽、胡芦巴和辣椒。预先混合好的咖喱粉并不是印度的传统，在那里人们会混合自己独有的香料（通常完整烘烤后再手工研磨），这给风味调整和即兴发挥提供了更大的空间。

用这种方式在家制作咖喱揭示了香料的真谛：它们混合后的总和通常大于其中每种香料单独的风味。姜黄、姜和卡宴辣椒，它们每个都是可以主导菜品风味或压制其他风味的香料。通过油和加热，它们的风味与其他香料融合并提升。[1] 截然不同的风味使菜品更复杂、更美味。

咖喱可以是一种哲学，应该将它应用于自制咖喱之外，到任何使用香料调味的菜品之中。比如鸡肉、土豆、燕麦片等——如同白板——的食物，非常适合添加多种香料。妈妈管这个叫"喜马拉雅山脉"风格的烹饪。例如，在烹饪咖喱类菜品时，卡宴辣椒就是珠穆朗玛峰。它的热感强烈而醒目，立于顶点。但它也仅是广阔山脉中的一顶，姜是它旁边的高山，孜然是附近更小的一个，等等，所有的峰与谷聚合在一起就形成了喜马拉雅，或者咖喱复杂而卓越的风味。在这种范式下，问"姜黄是一个好风味吗"是个错误的问题。更好的选择是，"姜黄还能搭配哪些风味？"姜黄提供泥土和根的风味，单独尝是苦和涩的，但它是混合风味独特和必要的一环。咖喱可以包含姜、丁香、小豆蔻、肉桂、豆蔻肉、

---

[1]　这与许多美国菜品完全相反，在美国，菜品会突出一种食材或风味：鲑鱼上的莳萝、苹果上的肉桂，等等。

番红花、高良姜、酸豆、各种胡椒、各种辣椒、葛缕子、茴芹、茴香、胡芦巴、旱芹、阿魏脂、芥菜籽、罂粟籽、芝麻、薄荷叶，以及咖喱叶[1]。

关于咖喱风味的思考

烘烤完整的香料是带出香料中更多风味，以及为菜品增添浓郁坚果特征的绝佳方法。制作真正卓越咖喱的第一步，应该是烘烤完整的孜然、芫荽籽和胡芦巴，然后将它们研磨并加入其他香料。

如果一下制作了一大堆，将多余的调味料装瓶保存，保留作以后用，这可是个累人的工作，应该在周末进行。在工作日的晚上，我使用预制的咖喱粉，你不能否认它的吸引力和便捷。

加热是非常重要的过程，对于带出香料的风味，以及将它们结合在一起而言。加热时，香料会在植物油、黄油、酥油或动物油脂中煸炒。洋葱和蒜也经常在这个过程加入。

辣椒会变得更辣，随着烹饪得越久。辣椒，比如哈乐佩纽辣椒，或其他干燥的如卡宴辣椒，随着烹饪的时间，它们的热感会变得更强。这在快速烹饪的菜品中通常不是问题，但是如果咖喱慢煮了几个小时，热感程度就会一直提高。如果需要制作双倍或

---

[1] 咖喱叶来自咖喱树（九里香属，学名 *Murraya koenigii*），以其在咖喱中的使用而得名，尽管它在印度和斯里兰卡的其他菜品中也很突出。这种芳香的叶子通常在新鲜时使用，因为干燥会降低其风味。

三倍量的食物，把这点记在心里会非常重要，因为双倍或三倍量的辣椒会比预期来得更辣。比如制作温达卢，一开始就会加入辣椒，三倍量的辣椒在此后的步骤中一直在热锅里，这会让做好的咖喱无法下咽。

辣咖喱在传统上会搭配上面包和拉西，这是有充分理由的。绝大多数人都知道，喝水并不能缓解嘴里的灼热感。米和当地面食，如帕帕饼（papadan）、洽巴提（chapati）、帕罗塔（parota），和无处不在的馕，都能够帮助口腔从一口又一口的辛辣食物中凉爽下来。拉西（lassi），是在印度流行的酸奶冷饮，对灼热感尤其有帮助：到处都有芒果口味的拉西，既甜又凉爽。

你对辣的耐受力可以增强。就像对其他食物一样，你会逐渐能够忍受，然后学会享受辣的咖喱。从柔和的香料风味如肉桂和姜开始，慢慢增加热感更强的香料和食物，直到它们只是味蕾的一部分，小孩子就能够学会吃辣的食物。成人当然也可以这样。

阿魏脂 / Asafoetida

阿魏脂以其排山倒海般的硫黄味而闻名，这只是生的粉末形态下的阿魏脂，当经过烹饪，阿魏脂的味道会变得柔和，变成令人愉悦的洋葱/韭葱般味道。阿魏脂也被称作 hing、jowani badian、ingu，以及不那么文雅的恶魔粪便。阿魏脂的名字（asafoetida）来

自波斯词语 *aza*（乳香），和拉丁词语 *foetida*（臭的）。[1]

这种物质来自一种巨型茴香。这种植物生产的黏性汁液可以干燥为阿魏脂块。还可以买到糊状和粉状的阿魏脂。如果是粉状的，通常会包含额外的物质以防止结块，一般是草木灰。一些品牌加入其他成分，只是为了减弱令人讨厌的，可以说是压倒性的味道，特别是从打开盖子到完成烹饪这期间。如果你的阿魏脂是偏橙色的，那里面可能会有姜黄。

在古希腊和古罗马，阿魏脂被用于医疗和烹饪。古罗马的阿比修斯（Apicius）曾提出一种延长使用阿魏脂的妙法，将阿魏脂块保存于装有松子的罐子里，松子会吸收阿魏脂的风味，用松子将阿魏脂的风味传递给食物。[2] 阿魏脂主要被耆那教，一种古老的印度宗教（其他地方也有少数分布）使用，是其素食主义的一部分，素食有时也包括不吃植物的根（在地下生长的部分），比如蒜或洋葱。[3]

阿魏脂代替了蔬菜的根，提供了作为深度的鲜味元素，让食物更可口。在制作咖喱时，阿魏脂通常在煸炒阶段加入，与其他香料一同混合于油脂中，可以是黄油、酥油、植物油，或者动物油脂。食用阿魏脂时请一定小心：过多的阿魏脂会压制菜品的风味，使菜品变得难闻。

---

[1] 《牛津食物指南》，37 页。

[2] 《牛津食物指南》，37 页。

[3] 尽管生长在地下，但鳞茎不是根，而是茎。

咖喱的风靡

咖喱在印度之外的流行，是殖民主义的一堂课，也是传统饮食跨越疆界的一次旅行，也是某种文化的食品在大洋彼端的魅力展现。食品历史学家、《咖喱：世界史》的作者科林·泰勒·森（Colleen Taylor Sen）认为，这种香料混合、菜品，以及包罗万象的名字最有可能起源于印度南部。关于这个词：

　　它可能起源于印度南部的语言，*karil* 或 *kari* 指加香料的炒菜和肉，十七世纪早期，葡萄牙人用 *caril* 或 *caree* 来描述"用黄油、印度坚果的果肉……和各种香料，特别是小豆蔻和姜……还有各种香草、水果，以及一千种其他调味品……制作的高品质的……浇在煮熟米饭上的"各种汤。到英文中，*caril* 变为 curry，十九世纪卓越的英国—印度英语词典《霍布森—乔布森》这样描述这个词，"用碎香料和姜黄烹饪的肉、鱼、水果或蔬菜，仅需少量即可为大量的米饭提供风味。"①

香料烤鸡咖喱（chicken tikka masala）于 2001 年被英国外交大

---

① 《咖喱：世界史》（*Curry: A Global History*），10 页。

臣称为"真正的英国国民菜"，① 在美国、印度和泰国，咖喱是非常
受欢迎的常规菜品。在德国，有随处可见的咖喱香肠（currywurst）：
油煎香肠、洋葱和青椒，浇上番茄酱，再用厚重的咖喱粉调味。据
2011 年的估算，德国人每年大约吃掉八亿根咖喱香肠。②

　　这种影响也在以另一种方式进行着，进入印度的外来者将他们
的传统菜传给了印度咖喱。最好的例子是温达卢，它融合了葡萄
牙和印度口味：它的名字（vindaloo）来自葡萄牙词 *vinho*（葡萄酒）
和 *alhos*（蒜），这道菜结合了欧洲风味与印度香料。在美国，菜
单上的温达卢旁边通常会伴有九个辣椒图标，向用餐者发出警告：
这道菜很辣。这要归功于葡萄牙人，和他们扮演的全球香料主要
推广者的角色，他们将更辣的辣椒带到印度，印度美食又很快将
其融入自身。

---

① 罗宾·库克："香料烤鸡咖喱如今已是真正的英国国民菜，不仅因为它非常受
欢迎，而且因为它完美地展现了英国吸收和适应外部影响的方式。香料烤鸡
咖喱是一道印度菜。玛萨拉酱的使用，满足了英国人在肉汤中享用肉食的需
求。"（"罗宾·库克的香料烤鸡咖喱演说"［Robin Cook's chicken tikka masala
speech］，《卫报》。）

② "德国人喜欢的咖喱香肠——矛盾、卡路里及其他"（Germany loves its curry-
wurst—contradictions, calories and all），《西雅图时报》。

红甜椒粉和卡宴辣椒

在相当长一段时间，香料贸易差不多都是以一种方式进行：从印度、中国和香料群岛——现在的印度尼西亚，到欧洲。后来，同样的香料助力了大发现时代，在那个航海的年代，欧洲人扬帆起航，寻找通向芬芳、遥远的香料港的新路径，却意外找到了使用完全不同的香料的，完全不同的土地。探险者带着香草和多香果一起回到欧洲，竭尽全力证明他们的努力是值得的。但是，没有哪个新世界香料能够达到辣椒属对世界其他地方所造成的影响。

从香料十足的印度咖喱和非洲酱汁，到越南的越式三明治（banh mi sandwich）使用的酱料和日式拉面的辣酱，辣椒迅速走进了全世界的饮食。这种新世界香料在它的新家和全球美食中安顿得如此顺利，甚至让人们忘记了他们一开始就知道的事情：这种植物是原产于中美洲和南美州的。因为其热感，辣椒被许多人以胡椒（pepper）的名字所称呼，直到今天仍然保留着这个传统，说英文的人会管它们叫 hot peppers 或 chili peppers。辣椒的属名（Capsicum）

是区分这个多才群体的最简单方法，尽管这并不是通用的烹饪用语。①

辣椒属家族（肉质，有籽）远比胡椒属家族（粒状）廉价和容易种植，也带来更强的热感。在上千年的历史中，胡椒的地位一直无与伦比，但随着辣椒不知疲倦的环球之旅，它遇到了对手。

红甜椒粉 / Paprika

没有比红甜椒粉更好的例子了，这种香料实际上已经是匈牙利及其美食的代名词。尽管许多香料可以追溯至古代，但直到十七世纪，红甜椒粉才出现在匈牙利的厨房。在寻找胡椒、肉桂和丁香的旅程中，它被哥伦布忽视了，直到哥伦布的船医迭戈·昌卡（Diego Álvarez Chanca）注意到了这种植物。昌卡称其为印度胡椒（Indian pepper）②，这开启了一个称所有香料为"胡椒"（pepper），以及在所有新世界植物前加上"印度"（Indian）的语言传统，因为这些航海者一直认为他们所到达的地方是印度次大陆。

欧洲殖民者回家时没有找到自己想要的香料，但是带着红色的辣椒作为装饰。直到十六世纪末，匈牙利贵族马杰特·塞奇（Margit

---

① Capsicum 一词可能来自希腊词 *kapto*，即英文的 to bite，指的是舌头上的辣"咬"。也可能来自拉丁文 *caspa*，意思是"类似容器"，说的是辣椒卵形和圆形的果实。（《一百种吃的植物》，158 页。）

② 《香料的传说》，174 页；《家庭花园的香草与香料之书》，150 页。

Széchy）才将辣椒视作香料，并称其为"红土耳其胡椒"。^①这种植物似乎是由征服者从墨西哥带回，经葡萄牙和西班牙才传到希腊和巴尔干半岛。希腊人管它叫 *peperi*，他们语言中胡椒的名字，以这种方式遵循了那个令人困惑的命名传统。^②随着土耳其人和保加利亚人开始培育辣椒植物，这个词就变化为 *paparka*。在十六世纪初，土耳其人征服了匈牙利，保加利亚农民就在那里定居并种植辣椒。^③最终，经过移植和培育，新世界的"胡椒"终于在匈牙利找到了自己的家，以红甜椒粉之名成为这个国家美食中的亮点。^④

红甜椒粉的种类

辣椒生长于温带，可以在几乎所有地方适应并繁盛，因此它们能够在全球范围内扩散。以红甜椒粉的原料为例，种植者甚至可以让原本的辣椒味道变得更柔和，以适合陌生的味蕾。对温和香料的需求，引导匈牙利除了种植强烈的、辣的标准品种之外，还培育出甜的品种。

如今，红甜椒粉本身就是辣椒的一个子类别，其下有很多品种：甜的、烟熏的、半烈度的、标准烈度的，这些只是匈牙利的，还

① "红甜椒粉"（Paprika），《美食家》，45 页。
② 这不是希腊人独家的错误。在世界上的大多数地方，一种新的香料作为调味品进入人们的视野，就经常会被称作胡椒或者其衍生物。
③ 《世代传承的红甜椒粉》（*Paprika Through the Ages*），24 页。
④ 《世代传承的红甜椒粉》，24 页。

有来自西班牙和加利福尼亚的其他品种和风格。标准烈度的意思就是辣，半烈度意味着不那么辣。甜的意思是不辣，烟熏的表达很清楚：通常选用甜的品种，不过有时也会混合使用，在干燥时烟熏，赋予红甜椒粉可口的烟熏味。

哪个，何时，以及如何

我喜爱烟熏的红甜椒粉，以及按照需要的热感程度，将甜的和标准烈度的或半烈度的混合。除了匈牙利汤风格的炖菜，我还喜欢在烤鹰嘴豆、小扁豆菜品和鸡肉上使用混合风格的红甜椒粉，还有在鸡蛋上用烟熏红甜椒粉。我也会在香料风格的奶酪意面上大量使用，这也使锅中出现了奇妙的深橙色。红甜椒粉天然的明亮色彩也可以用作装饰，一本我很喜欢的二十世纪六十年代的烹饪书中经常用甜的红甜椒粉作为出锅香料，撒在鸡肉和鱼等浅色菜品上，赋予美妙的亮红色。

和咖喱一样，红甜椒粉应该煸炒使用。祖父写过，为了测试新到的红甜椒粉，应将红甜椒粉加到猪油煎洋葱的锅中，这在匈牙利是传统的准备工作。重要的事情是，在添加红甜椒粉之前要将锅从火上拿开，防止烧煳。在美国，家庭厨师很少使用猪油，黄油和植物油更常见。煸炒香料如红甜椒粉时，烹饪的油脂应该是热的，但不能冒烟，否则会烧煳香料。在匈牙利美食中，会将红甜椒粉混入炒面糊（roux），这是猪油和面粉的混合物，用于给酱

卡宴辣椒

汁和匈牙利汤增稠。

卡宴辣椒 / Cayenne

　　卡宴辣椒是另一种由辣椒属中不同品种制作的产品。火红的卡宴辣椒不是来自特定的品种，而是来自一系列小型、非常辣的辣椒，它们的颜色范围从黄到红。过去，有不同颜色的卡宴辣椒，从浅橙色、红色到棕色都有，不过如今的产品变得更加标准化，以卡宴辣椒命名的产品指的是斯科维尔指标在四万单位上下的亮红色香料。[①] 换句话说，让卡宴辣椒成为卡宴辣椒的，是最终的结果，而不是必须由特定品种的辣椒来作为原料。为了获得所需的颜色和热度，卡宴辣椒一定是几种辣椒的混合。

　　卡宴辣椒非常辣，但是在单纯的辣之外，还有一种独特的风味。依然，一点点就有大作用。和红甜椒粉一样，卡宴辣椒应先

---

① 关于斯科维尔指标单位的详细信息，请参考下一章内容。

经过煸炒，但卡宴辣椒会随着烹饪的时间而变得更辣，所以请注意，煸炒时放进去的量，到出锅时它的效果已经被放大。我经常在外卖咖喱中使用卡宴辣椒，如果中辣的咖喱一点儿辣味都尝不到的话。同样地，往蔬菜食谱中加一点卡宴辣椒，再来一捏孜然，即使是最普通的菜品也会因为这些刺激而充满活力。

　　制作卡宴辣椒的辣椒并不是生长于卡宴，法属圭亚那（在南美洲）的首府。这种香料的名字造成了不少困惑和猜测。关于卡宴（cayenne）一词，有一个说法是来自图皮人，他们是生活于现今称为巴西这个地方的原住民，他们对辣椒的称呼是 *quiinia*。欧洲人不小心把辣椒和法属圭亚那北部海岸的地理位置搞混，并把这个地方叫作卡宴。[①] 换句话说，是辣椒给这个区命了名，而不是这个区把名字借给了辣椒。

红辣椒碎

　　红辣椒碎，也叫辣椒片，就是比萨上的那些，可以在烹饪时添加，也可以在餐桌上调味，用它为食物添加令人愉悦的热感。红辣椒碎通常是用制作卡宴辣椒的原料制成，但也有可能添加其他辣椒来调节风味或热感程度。它在意大利餐馆和比萨店中很常见，用于提供中等的辣度。红辣椒碎

---

① 《一百种吃的植物》，157 页。

的视觉识别度很高，可以看到干燥的辣椒种子和红色的干燥果肉薄片。除了比萨，红辣椒碎也极为适合那些让人精神一振的蔬菜和意面，还可以为沙拉、炒菜和鸡蛋增添活力。

辣　椒

在辣椒复杂的组织结构之中，还有更多的成员。干燥形态的辣椒通常被视作香料，比如辣椒丝、辣椒碎、辣椒粉。通常来说，它们被从美洲带出来，移植到欧洲、亚洲和非洲，随着适应新地方的气候和土壤，它们的味道也发生了变化。在它们被散播到世界的五百年后，被我们叫作辣椒的，已经有了几十种。其中一些比如香蕉辣椒和菜椒，主要是新鲜食用（虽然不是很流行，但是也有菜椒粉的存在），而其他一些则在其加工制品的形态下更让人熟悉，如酱汁（塔巴斯科辣酱）、干粉（皮钦辣椒）。

斯科维尔指标

斯科维尔指标用来计量辣椒的味道。一位名叫威尔伯·斯科维尔（Wilbur Scoville）的药剂师在 1912 年改良了他的测试方法，这套方法依靠训练有素的测试员品尝稀释样本中是否有热感。这个测量是主观的，有清晰的指标，但方法并不够严谨。液相色谱法在二十世纪八十年代达到了科学上的准确性，这项方法可以测定辣椒中产生刺激感的化合物含量。测试结果被转换为斯科维尔指标的辣度单位，如今的技术已经不是斯科维尔发明的，但传统被保留了下来。

菜椒的斯科维尔辣度单位为 0，而美国最流行的辣椒之一，哈乐佩纽辣椒的辣度单位一般为 2,500 到 8,000。但是，即使是严格来说的同一种辣椒，生长条件和选择性育种也会让其辣度天差地别，有些哈乐佩纽辣椒的辣度单位可达 460,000。有次，你吃的哈乐佩纽萨尔萨酱可能是柔和或中等辣的，而下次，里面有哈乐佩纽辣椒的那盘菜可能就会让你大口喘气。

温和：0~5,000 辣度单位

　　菜椒 /Bell Peppers：0 辣度单位

　　翁奇诺辣椒 /Pepperoncini：100~500 辣度单位

　　安丘辣椒（普埃布拉辣椒）/Ancho(poblano)：1,000~3,000 辣度单位

什么？一点不大（辣）：5,000~10,000 辣度单位

　　瓜希尤辣椒 /Guajillo：2,500~8,000 辣度单位

　　奇泼特雷辣椒 /Chipotle：5,000~10,000 辣度单位

　　哈乐佩纽辣椒 /Jalapeño：2,500~8,000 辣度单位

哈，辣得正合适：10,000~100,000 辣度单位

皮钦辣椒 /Pequin：40,000~58,000 辣度单位

塔巴斯科辣酱 /Tabasco Sauce：30,000~50,000 辣度单位

卡宴辣椒 /Cayenne：25,000~60,000 辣度单位

不行，这对我来说太辣了：100,000~500,000 辣度单位

哈瓦那辣椒 /Habanero：150,000~325,000 辣度单位

皮利皮利辣椒 /Piri Piri：100,000~300,000 辣度单位

苏格兰帽子辣椒（加勒比辣椒）/Scotch Bonnet(Caribbean red peppers)：200,000~400,000 辣度单位

我舌头着火了我要死了：500,000+ 辣度单位

不丹辣椒（魔鬼辣椒）/Bhut Jolokia(ghost pepper)：1,000,000 辣度单位

卡罗莱纳死神辣椒 /Carolina Reaper：1,560,000~2,200,000 辣度单位

辣椒喷雾：2,000,000~5,300,000 辣度单位

纯辣椒素：约 16,000,000 辣度单位

一个常见的误解是，辣椒的热感主要在籽里面。这根本不是真的。热感实际上是在辣椒的肋或者脉上，就是果肉内侧纵向延伸的白色或黄色东西，种子附着其上。食谱上说的去掉部分或全部辣椒籽以降低热感程度，实际上来自厨师连同果肉上的脉一同去掉的种子。如此理解的话，这是个能够达到预期的建议。匈牙利的农民首先开发出低热感程度的产品，他们去掉了辣椒浅色的脉，

让辣椒更柔和，甜的红甜椒粉就这样诞生了。①

　　哈乐佩纽辣椒可以很好地证明这点：如果仔细地去掉哈乐佩纽辣椒的脉，剩下的绿色果肉就不辣了；实际上，几乎所有的热感都来自这个白色的部分。② 但是，一些新的、经过基因改造的辣椒破坏了这个规则。去掉莫鲁加蝎子辣椒、特立尼达蝎子辣椒和不丹辣椒，这些辣到出名的辣椒的脉，似乎只会削弱一点点热感程度，绝大多数的辣还留在剩下的果肉中。研究者在 2015 年发现，这些火热的辣椒将 40%~60% 的辣椒素化合物储存在果肉中，③ 这解释了为什么去掉脉仍然不能摆脱它们强烈到无法承受的热感。

阿勒颇辣椒 / Aleppo
斯科维尔辣度单位：10,000

　　阿勒颇辣椒被严重低估了。给蛋黄酱加上阿勒颇辣椒可以带来巨大的提升：爆发的甜热感可以将愉悦赋予搭配的任何食物。这种辣椒的低热感来得快去得也快，独特的风味更接近果香，而非辛辣。这种辣椒制成的红辣椒碎非常实用，可以撒在比萨、意面、

---

① 《世代传承的红甜椒粉》，45 页。
② "果肉壁上异位类辣椒素分泌囊泡的新型结构（非胎座）解释了超辣辣椒的形态学机理"（Novel Formation of Ectopic [Nonplacental] Capsaicinoid Secreting Vesicles on Fruit Walls Explains the Morphological Mechanism of Super-hot Chile Peppers），253 页。
③ "果肉壁上异位类辣椒素分泌囊泡的新型结构（非胎座）解释了超辣辣椒的形态学机理"，255 页。

阿勒颇辣椒碎

谷物餐等食物上。

安丘辣椒（普埃布拉辣椒）/ Ancho (Poblano)
斯科维尔辣度单位：1,000~2,000

当这种辣椒是绿色、新鲜时，它叫普埃布拉辣椒；成熟至深红色并干燥后，就是安丘辣椒。安丘辣椒比温和的阿勒颇辣椒更具热感，足够在舌头退缩之前就给它一个快速温暖的拥抱。这种愉悦感使其主要被用来制作辣椒粉、墨西哥酱汁和肉排。有时也会将这种辣椒加入巧克力，用来制造不过分但刺激的辣椒风味。

完整的安丘辣椒

阿亚波辣椒 / Árbol

斯科维尔辣度单位：35,000~55,000

阿亚波辣椒的热度接近卡宴辣椒。它是以完整干燥的形态出售的，很适合在烹饪时添加，上菜时取出的菜品，比如汤和炖菜。

奇泼特雷辣椒（莫瑞塔）/ Chipotle (Morita)

斯科维尔辣度单位：3,000~10,000

在奇泼特雷辣椒之下还有不同的品种，最常见也是在美国最常用的就是莫瑞塔（morita）。莫瑞塔有着能够燃起温暖火焰的中等热感，除了热感，还能带给菜品烟熏味的果香。诱人的深紫红色是它的另一个优点。莫瑞塔在阿斗波（adobo）、辣味和烧烤调味中有非常不错的表现。

完整的瓜希尤辣椒

瓜希尤辣椒 / Guajillo
斯科维尔辣度单位：2,500~10,000

如果你喜欢墨西哥菜，那么很可能你也喜欢瓜希尤辣椒。在萨尔萨酱、墨蕾、裹料、辣椒粉、酱汁和汤中都能发现它明亮的胡椒风味，在这些菜品里，瓜希尤辣椒能够提供可观而又能够接受的热感。瓜希尤辣椒的热感程度在卡宴辣椒和安丘辣椒之间。

哈瓦那辣椒 / Habanero
斯科维尔辣度单位：150,000~300,000

哈瓦那辣椒是世界上最辣的天然辣椒。哈瓦那辣椒除了强烈的辣之外，还有一种可以和水果及水果萨尔萨酱很好搭配的甜香。但它最常用的还是那撩人的热感。

皮利皮利辣椒 / Peri Peri
斯科维尔辣度单位：175,000

这种非洲辣椒的名字有很多，包括 piri-piri、pil-pil 和 pill-pill，它们全都可以翻译为"辣椒辣椒"或"辣辣"。这些名字可以称呼这种辣椒，也可以用来称以这种辣椒制作的、著名的莫桑比克辣酱。将这种辣椒和柠檬一起焖煮成糊状，用来浇在肉和鱼上。皮利皮利辣椒明亮的辣味和重味的食物以及肉类菜品搭配良好。

魔鬼辣椒

二十年前，哈瓦那辣椒作为世界上最辣的辣椒被写入吉尼斯世界纪录。到现在，它的排名已经下降了好几位，但是，在这些年间却没有人发现新的辣椒品种。取代发现的，是实验室中的科学工程，这里的辣椒热感远超天然。魔鬼辣椒和其他超辣家族的成员，只是一连串永恒的单身主义者，因为科学家和业余爱好者所要的，是通过基因工程和杂交让辣椒不断达到斯科维尔辣度单位的新高。比如，卡罗莱纳死神辣椒是由魔鬼辣椒和红色萨维纳哈瓦那辣椒杂交得来。这是为了什么？卡罗莱纳死神辣椒达到了无法承受的两百万斯科维尔辣度单位，根本无法在厨房中使用。这种怪物似乎只是为了卖弄的辣酱标签，还有那些吸引炫耀自己吃辣本事的食客的鸡翅餐馆而存在的。如果你只是想要辣，哈瓦那辣椒就足够了。

天津辣椒 / Tien Tsin
斯科维尔辣度单位：50,000~75,000

尽管所有辣椒都来自新世界，但天津辣椒几乎完全是在中国培育和使用的，这也说明了辣椒的适应力有多强。这种辣椒非常辣，经常在以辣闻名的四川美食中使用。这种辣椒的名字还有天津（Tianjin）、中国辣椒（Chinese peppers）和中国红辣椒（Chinese red peppers）。

在厨房

辣椒粉和辣椒混合物

辣椒粉是将干燥辣椒弄碎得到的，而辣椒混合物是干辣椒加上其他香料，比如孜然、牛至和蒜。不过，通常辣椒粉实际上就是辣椒和其他香料的混合物，而今天的辣椒混合物可以包含数十种不同的香料。辣椒可以按温和到辣的程度划分，特定的混合物需要特定的辣椒，没有哪一种辣椒是所有混合物都需要的。温和的辣椒混合物以甜且宜人的阿勒颇辣椒为基础，而另外一些会使用非常辣的皮利皮利辣椒，或火焰般的卡宴辣椒。流行的辣椒混合物有辣豆酱,使用普通的辣椒与牛肉和豆子一起炖制;卡津（Cajun）调味料，使用较辣的如卡宴辣椒制作；塔可调味料，是一种更甜、更温和的混合物，通常是用甜的红甜椒粉和盐，以及卡津调味料、蒜、洋葱，和其他香草制作。

家庭厨师，尤其是那些参加辣酱比赛的，喜欢在家自制辣椒混合物。成品可以稀薄如汤，也可以浓厚如酱，里面有各种肉、豆和装饰品，配方经过极其严谨的调整，配料有着严密的保护。在大多数混合物中都能找到孜然、蒜和各种干辣椒，一些香料"秘方"包括丁香、豆蔻、芫荽，还有一些非香料成分，比如黑巧克力、咖啡粉和啤酒。

哈里萨

哈里萨可以指很多东西：用特定红辣椒制作的酱、用红辣椒制作的干香料混合物、一盘青椒和番茄、一种由小麦和羊肉制作的粥。[①] 属于香料架的哈里萨是北非的酱汁或干粉混合物（或者两个都要）。哈里萨可以由一组较辣的辣椒制作，也可以混合较甜和刺激的辣椒，汇成令人愉快的平衡。温和的皮米恩托辣椒（pimiento）和刺激的斯拉诺辣椒（serrano）是常见的组合。其他香料也被添加，用于组建风味：芫荽、葛缕子、蒜和盐是比较常见的，但哈里萨中可能还有孜然、红甜椒粉、洋葱，甚至更多。如果需要制作酱汁，将香料混合物与油调和，也可以使用番茄酱代替油。

---

① 《牛津食物指南》，371 页。

　　我使用哈里萨粉的方式和咖喱粉一样，会在一道热菜最开始时与洋葱和蒜一起煸炒。哈里萨酱可以淋在脂肪较高的肉和烤蔬菜上，它可以代替其他浓郁、烟熏风味的热酱汁。将哈里萨酱作为刺激元素加入风味浓郁，特别是放了很多柔和奶酪的三明治，也是不错的选择。

别摸你的眼睛还有……哪儿都别摸

　　我在密尔沃基的一家餐馆做了一年副厨师长。在切哈乐佩纽辣椒时，厨师长戴上了一副乳胶手套，并吩咐我也应该照做。他讲了一个关于厨师傲慢的故事，有点希腊悲剧的感觉，以一个人的倒下作为结尾。故事的主角为了展现自己的男子气概，坚称自己在切哈乐佩纽辣椒时不需要戴任何手套。完成自己充满男子气概的工作之后，他去了洗手间。门关上后几乎立即，后厨的同事们就听到了他的惨叫。和你想的一样，他用还带有辣椒残留物的手，摸了自己那个特别敏感的地方。之后他就戴了手套。

　　请牢记这点：如果摸过辣椒，辣椒素（辣椒和辣椒喷雾中的活性成分）就会被蹭到手上并一直留在那里。你可能会下意识地揉眼睛，或者重复那位厨师的错误。橡胶手套是避免这种情况的最佳方法。切完辣椒之后，只需将它们脱下扔掉即可。如果你不想购买它们，或者不想制造垃圾，用大量肥皂洗手，为了更好地解决问题，再加一些厨房里用的油，什么油都可以。我个人的方式是，挤一大坨洗碗精在手上，不加水搓上一分钟，然后冲洗。有人会预先在手上涂油，在辣椒素和皮肤之间制造一层屏障。我发现这是一个不方便的方法，主要是因为涂油会让手变滑，在需要用刀的时候让手变滑可不是什么好主意。不管你选择怎么做，在彻底清洗之前，不要摸自己的眼睛，还有……哪儿都别摸。

干燥完整的天津辣椒

胡 椒

在众多香料之中——我们有如此之多的选择——为什么我们总是伸手拿起胡椒研磨器？胡椒被称为香料之王，它统治着我们的餐盘和味蕾。我很好奇，我对胡椒那深切和无条件的爱是否是环境使然：我的舌头已经被训练期待它，所以我会不断地旋转研磨器。如果我是在今天才发现胡椒的，还会同样迷恋吗？如果说盐让食物更像其本身，胡椒则赋予食物亮点；盐强化食物中已有的风味，胡椒让食物变成其强化的版本。

曾经，胡椒是将遥远的彼方连接起来的唯一方式，种植者满足了那些对他们几乎一无所知的人们的需求。胡椒曾经十分珍贵，被当作通货，甚至用来支付租金。如今，它很丰富，还相当便宜。真是有福气，因为几乎所有的咸鲜菜品，甚至有些甜味的都需要它。我没有把胡椒直接撒到水果上，也没有用于寿司，但胡椒几乎在我吃的所有其他食物中都占有一席之地。我大约每一周会给一般大小的研磨器加一次胡椒，我非常感激能够得到高品质的胡椒。我爱很多种香料，但我用胡椒和我用盐一样多，这就是说：一直以来，我几乎每顿饭都会用到它。

"真正的"胡椒都来自胡椒属，尽管它们看起来不大一样。黑的、白的和绿的胡椒都来自同一根枝条，而长胡椒和尾胡椒是它们的亲戚。它们的刺激来自胡椒碱，以及其他挥发油。据说胡椒可以提高唾液和胃液的流动，从而增进食欲。[1] 或许科学解释了胡椒无与伦比的吸引力，或许没有。无论如何，胡椒改善食物的能力在世界各地的家庭和餐馆的无数顿饭中得到了证明。

从植物学角度，很多"胡椒"（pepper），包括四川胡椒、山椒（sanshō）、天堂椒（grains of paradise）和粉胡椒都是不相关的。其中有些和柑橘更接近，有些是腰果的亲戚。对于其中的每一种，无论是种子、谷壳，还是浆果，都是通过干燥和压碎来增加风味，虽然与真正的胡椒有区别，但它们本身也不错。

胡椒的种类

绿胡椒（green peppercorn）：和大多数水果一样，未成熟的胡椒是绿色的。采摘后，胡椒还会继续成熟，所以绿胡椒在传统上是经过腌制的，以保留其未成熟的外观和风味。如今，有了更成熟的干燥方法，因此腌制不再是必须。因为绿胡椒是在成熟前进行采

---

[1] 《牛津食物指南》，595 页。

摘和加工，所以没有发展出黑胡椒和白胡椒中的风味深度。取而代之的是，绿胡椒的风味是果香和橙皮香。

黑胡椒（black peppercorn）：如果让胡椒继续成熟，浆果的绿色会随着时间逐渐变暗，最终变成深红色。完全成熟的果实经过采摘和干燥，颜色会变暗，表面出现明显的皱纹。如果仔细观察黑胡椒，你会发现它们的颜色从暗红色到棕色到黑色都有。有些胡椒在采摘时仍然是绿色或鲜艳的红色，经过干燥，绿色的会变成浅棕色，红色的会变成暗棕色（但不是完全的黑色）。①

胡椒生长在穗上，长在顶上的那些个头会稍微大些，因为它们接受了最多的阳光。当顶部的那些成熟后，整批胡椒就会被收获，这意味着同一根枝条上会有一系列尺寸不同的胡椒。大批的胡椒会通过固定尺寸的筛网进行筛选，以分出不同等级的胡椒。胡椒越大，风味就越强，所以最大颗的就是等级最高的胡椒。前十磅通常会被定为最高级。

马拉巴尔胡椒（Malabar pepper）：数个世纪以来，香料通过马拉巴尔海岸的港口从印度出口。马拉巴尔胡椒为棕色，品质优秀，风味温和，很多人喜欢将它用作满足所有需求的全功能胡椒。它们的等级分为精选（garbled，颜色更偏黑色，品质较高）和未选（ungarbled，颜色更偏棕色，品质较低）。马拉巴尔胡椒是该地区

---

① 关于收获，也有其他说法：在成熟的绿色穗上，一两个浆果开始变黄时收获，用来制作黑胡椒。（sarawak.gov.my。）后文（商品与增值）有相应的解释。——译者注

注册的产品，因此必须达到一定质量才能使用这个名字。

代利杰里胡椒（Tellicherry pepper）：这是全世界最好的胡椒。代利杰里胡椒也来自马拉巴尔地区，但这个名称的要求更加严格。在代利杰里的名称中还有更高的质量等级：最高级的称为代利杰里加强（Tellicherry Extra Bold）或特强（Special Bold），或者其他类似的叫法。

楠榜胡椒（Lampong pepper）：这种胡椒来自印度尼西亚，品质非常好，风味强烈有力，不过楠榜胡椒缺少代利杰里胡椒那种无与伦比的深度。

砂拉越胡椒（Sarawak pepper）：马来西亚的砂拉越州以生产白胡椒而闻名，但他们的黑胡椒也是温和口味的好选择。这种胡椒最好和其他香料配合使用，表现出少许胡椒，而非强烈的单一胡椒风味。

越南胡椒（Vietnamese pepper）：这种来自越南的胡椒甜而温和，没有印度胡椒的力道。

巴西胡椒（Brazilian pepper）：新世界胡椒通常被认为是品质不良的。因此大规模生产商经常使用这种胡椒制作预制食品，因为他们不需要出最好的价格买最好的胡椒。巴西胡椒的风味似乎更容易消失在食物中，只能在狼吞虎咽中维持。与其他品质更高的产品相比，这种胡椒的风味更浅也更薄。

白胡椒（white pepper）：白胡椒就是黑胡椒，一样在枝条上成熟。在干燥前，浆果会被浸泡或放在流水中。它的果皮会变得松软，很容易被擦下，只留下白色的种子，种子在干燥过程中进一步变白。白胡椒的个头一定比黑胡椒小，因为它的果皮已被去除。如果处理过程不正确，胡椒就有发霉的风险。当然如果发霉，可以很容易闻到。白胡椒闻起来自然和黑胡椒不同，不过仍然很诱人：强烈的花香调，带有一些加工过程赋予的发酵痕迹。

白胡椒在欧洲和亚洲的部分地区很常见，在有些地区甚至比黑胡椒更普遍。世界上很多地方都将其视为更复杂、更精致的胡椒。一些食谱和厨师表示，白胡椒是浅色汤和酱汁所必需的，你一定不想黑色的小点破坏这些菜品的卖相。也许在老式烧煤的列车上会有所助益，黑色的小点会被用餐者当作煤灰。但味道的差异远比颜色的差别来得更深，如果你想要黑胡椒的风味又不想要黑色的小点，使用完整的黑胡椒，上菜前将其取出。

文岛白胡椒（Muntok white pepper）：来自印度尼西亚的文岛胡椒，制作时被静置于水中，直到果皮柔软到可以去除，这使其颜色比白色略微偏灰。

砂拉越白胡椒（Sarawak white pepper）：在马来西亚的砂拉越，胡椒生产者使用流动的水软化并去除果皮，制作出明亮的白胡椒。虽然文岛白胡椒一点儿不差，但砂拉越白胡椒是最高级的产品，该国出口的胡椒通常个头更大、风味更强。

彭贾白胡椒（Penja white pepper）：来自喀麦隆的白胡椒，需求量非常大，因此获得了原产地命名保护标签，用来保护产品的声誉免受假冒产品的影响。这里的山谷中火山土壤含量很高，这

使胡椒具有耐人寻味的明亮、辣、芳香风味，即使洗去果皮，制
成白胡椒，风味依然存在。出口量相对较小，这使得彭贾白胡椒
难寻且价格昂贵。

商品与增值

　　胡椒引发了商品与增值作物的问题。印度的胡椒种植者（还有
马达加斯加的香草种植者）都很在意作物的品质，这意味着它增
值了。这些种植者尽力制造出品质最好的香料，因此需要更多的
时间，以及承担更大的风险。[①] 他们的产品最终以更高的价格出售，
客户也愿意为品质支付更高的代价。小型香料店对这种农作物更
感兴趣，因为他们想要最高品质的胡椒，并且可以根据每年的作
物灵活地调整价格。但是，交易巨量胡椒的大型行业购买者和大
规模食品制造商并不是这样运作的，他们更在意的是产品的数量。
他们为按所需的数量和日期订立合同，并事先为所需商品应支付
的定金达成协议。种植者努力履行合同，对品质很少关心。在这
种形式下，胡椒是一种商品。

---

① 将胡椒留在枝条上的时间越长，种植者所面临的风险也就越大。成熟的胡椒
　吸引着各路来客，等待更长的时间就相当于把浆果弄丢（以及作物遭受干旱
　和其他自然灾害破坏）的更大可能性。

混合的黑胡椒和白胡椒碎

研磨

胡椒最好在撒向食物的时候，或者在使用前几小时内研磨。风味来自挥发油，仅在研磨后释放。这也就是整个的胡椒闻起来并没有什么胡椒味的缘由。尽管有些预研磨的胡椒在日期新鲜时可以相当不错，但风味还是不可避免地被浪费了。另外，如果储存得当，完整的胡椒可以保存很多年。与其他香料一样，胡椒应该放在密闭容器中，避光，并且不要存放在太热或者潮湿的地方。如果我知道做饭时需要用到大量胡椒，我会先在一个小碗中研磨足够的胡椒。胡椒仍然很新鲜，但我不必在烹饪时花时间研磨。

木制研磨器是理想的选择，因为它可以防止热量、光线和潮湿的空气进入。一些研磨器可以调节，可以选择研磨从粗粒到能够飘动的细粒到粉状的胡椒。一般来说，单独销售的研磨器还有和胡椒一起卖的研磨器都会标出粗、中、细，但有时你也能看到精确的量度。使用这种研磨器时，研磨后的胡椒会经过其中的筛网，就像分选完整胡椒时一样。这个筛网看起来就像普通的布，使用的线的数量决定筛网的密度。线越多，筛网越密，开孔越小，只有更细的胡椒颗粒可以通过。6~10 目的用来研磨胡椒碎，12~14 目的研磨粗粒，30~34 目的研磨出来就是胡椒粉了。家里或餐馆中不能调节的基础款研磨器，大约相当于 18~28 目，正好是中等研磨度。

胡椒真的会让你打喷嚏吗？
· · · ·

在兔八哥的节目里，一小撮胡椒会弄出巨大的喷嚏，喷嚏又会把胡椒四散到各处。我在祖父母的香料店工作时打过不少喷嚏，但我吸入的并不只有胡椒。胡椒让人打喷嚏的神话可能出现在大量劣质产品流通期间。产品质量越低，里面可能含有的杂质就越多。也有可能，那些积满灰尘的旧胡椒是罪魁祸首。优质的新鲜胡椒会带来热感，一定会让鼻子感到刺痛，但它很少会弄出卡通片中那样的喷嚏。

胡椒混合

欧式（European）：这是黑胡椒和白胡椒的简单混合。之所以称为欧式，是因为与美洲相比，欧洲人对白胡椒的态度要更友好得多。
法式（French）：法式胡椒混合物是将绿胡椒和黑胡椒混在一起。

这是由于绿胡椒的橙皮风味在法式烹饪中更普遍。

四种胡椒（four peppercorn）：顾名思义，混合了黑胡椒、白胡椒、绿胡椒和粉胡椒，形成色彩和风味的大杂烩。它的风味是，胡椒，香料，些许花香，来自白胡椒的活力融入绿胡椒的橙皮香，以粉胡椒让人胃口大开的刺激收尾，一切都基于优质的黑胡椒。用在任何需要胡椒的菜品都能带来复杂而有趣的美妙风味，不过它更适合炖菜和炒菜。

懒人胡椒（lazy man's shake）：祖父曾提过要这么做，但我认为他从没有付诸实践。这个想法就是将胡椒和盐混合在一起，就好像二合一洗发水。

粉胡椒 / Pink peppercorn

粉胡椒根本不是胡椒，是另一种浆果，带有果香和甜味。[①] 它的大小和形状非常接近胡椒，因此得名。它有时也被称为玫瑰胡椒。粉胡椒对使用它的菜品来说，更多的是色彩，而不是风味。粉胡椒适合鱼和鸡肉，它的颜色和口味在冰淇淋中非常令人愉悦。

粉胡椒通常被装进（也应该保存在）玻璃容器中销售，因为完整的浆果非常脆。装在塑料包装里，得到的会是一堆碎片。粉胡

---

① 如果我在食品行业工作，或者位列巧克力决策团队，是决定下一个热门食品趋势的一员，那么我会全票压在粉胡椒上。它果香的柔和风味真的可以搭配任何东西，明亮的粉红色很有吸引力，而且它被叫作粉胡椒又没被广泛使用的情况给了它特别的魅力。

椒无法放进胡椒研磨器，因为它太软了，不能进入研磨装置。（在四种胡椒中，它会在进入研磨装置之前被其他胡椒挤碎，所以虽然有，但不是大问题。）用手指把粉胡椒在餐盘上方捏碎，多简单。

警告：粉胡椒的灌木和腰果同在一个科。尽管它俩在各自的属，但浆果中依然可能含有相同的酶和油，因此粉胡椒有可能引发坚果过敏。粉胡椒对禽类和猪有潜在的毒性，并且有严重的儿童胃肠道反应记录。美国在二十世纪八十年代禁止了从法国进口粉胡椒，不过目前美国食品药品监督管理局将所有粉胡椒品种列入了公认安全的判定。

多香果 / Allspice

另一个将干燥浆果用作香料的例子是多香果，它出现在从加勒比到中东，从波兰到辛辛那提的菜肴中（在当地是替代辣椒的关键食材，一种对地中海香料肉酱的改编）。多香果也被称为 pimenta（植物属，葡萄牙文中胡椒的意思）或桃金娘胡椒（myrtle pepper）。一些不相关的灌木又被称为各种多香果（卡罗来纳、日本或野生，等等），即使它们的果实通常不被用于烹饪。多香果的灌木被克里斯托弗·哥伦布遇到，并被带回欧洲，不过它仍然主要生长于牙买加。

天堂椒 / Grains of paradise

　　作为一种价值不菲的香料，胡椒有一大票模仿者。其中之一就是天堂椒，它的大体表现和胡椒很相似，不过热感少了一些，但多了一分小豆蔻香（它们是相关的植物）和一丝坚果、黄油脂香在一起的香料味。[1] 天堂椒生长于西非，被狡猾的商人命名，为这种来自远方的香料打造了带有神话色彩的氛围。[2] 天堂椒也被称为奥萨姆（ossame）或梅莱盖塔胡椒（Melegueta pepper）。[3] 虽然作为香料已经不再使用，但仍可以在一些专卖店和网上买到天堂椒。如果要使用它，将其与普通的黑胡椒混合研磨，撒到平时只需用到黑胡椒的菜肴中，是个不错的方法。

———————

[1]　杜松子也曾经被用来骗人：干燥后选出那些和胡椒大小相当的，冒充真货出售。（《香料的传说》，102 页。）
[2]　《香料：诱惑的历史》，45-46 页。
[3]　《香料之书》，339 页。还有一种类似的香料，被叫作非洲胡椒（African pepper）、金巴胡椒（kimba pepper）或塞利姆椒（Grains of Selim），有类似的风味，主要在塞内加尔使用，但它既不是真正的胡椒，也和天堂椒没有关联。

完整的天堂椒

长胡椒和尾胡椒 / Long pepper and cubeb pepper

　　长胡椒和尾胡椒^①是正牌的胡椒属成员，和黑/白/绿胡椒共处一属，又有相似的活泼热感。长胡椒在过去远比今日常见，和圆形的胡椒一样，长胡椒生长于印度，出口到古希腊和古罗马。（普林尼曾提到黑的、白的和长的胡椒。^②）可能是由于十七和十八世纪引入了辣椒，留给长胡椒的就只剩下好奇：比起长胡椒，这种新来的植物适应力更强，价格更低廉，也更加辛辣。

　　形状细长的长胡椒非常显眼，看起来就像许多种子聚在了一起。它比一般的胡椒更辣，但也更甜，还带有使人联想到姜或豆蔻的活力。长胡椒很难研磨，完整使用要容易得多，添加到烧烤、汤和蔬菜中，烹饪完成后取出。

　　尾胡椒（还有别的名称如爪哇胡椒［Java pepper］和贝宁胡椒

――――――――――

① 　二者的常见中文名是荜拔和荜澄茄。——译者注
② 　《牛津食物指南》，459 页。

完整的长胡椒

完整的尾胡椒

［Benin pepper］）比长胡椒过时得还久。它有着类似的热感和胡椒的味道，圆形的浆果上有个尾巴。它有一种类似薄荷的很好闻的香气。直到十七世纪，尾胡椒在欧洲和中国一直被用作药物和香料。尾胡椒的衰落可能与葡萄牙人希望出售更多黑胡椒的意愿有关：据说1640年葡萄牙国王禁止了尾胡椒的销售，这样它就不会与黑胡椒竞争市场。

四川胡椒 / Sichuan pepper

四川胡椒在中国作为流行的香料有很长一段时间的历史，和其他许多香料一样，它既被用作药品，也被用作调味品。它还有另一个常见的名字，花椒，可能是因为它强烈的香气。花椒会在口中产生非常有趣的感觉，不是真正的辣，而是一种惬意的麻。美国食品药品监督管理局在很多年间禁止花椒，因为其携带的细菌疾病可能会伤害柑橘类作物。（这种细菌对人无害。）不过现在，只要花椒事先经过加热杀菌，美国食品药品监督管理局就允许其进

完整的四川胡椒

口。所以，在美国出售的花椒都是经过处理的。

山椒 / Sanshō

这种绿色的种荚用最奇特的方式让人的舌头发麻。将橙色的浆
果干燥，去掉内部的种子。干燥后它会变成绿色，可以完整或研
磨使用。这种植物是一种灌木，与柑橘类同属一科。山椒（也称
日本胡椒或韩国胡椒）主要用于亚洲美食，并且适合多油脂的菜品,
因为麻会削弱油腻感。

胡椒的时间线

我们生活在一个充满香料的世界，但胡椒尤其令人瞩目。关于
胡椒的历史，以及它在中世纪贸易和大发现时代中所充当的角色,
已有书籍论述。它们有些牢牢抓住了读者的想象，有些则展示了
胡椒粒的巨大影响力。

很久以前：胡椒可能是最早被使用的香料之一。距今三千年以前，就有梵文医学典籍提到过胡椒。[①]

公元前四世纪：古希腊哲学家泰奥弗拉斯托斯（Theophrastus）在他的《植物志》（*Enquiry into Plants*）中提到了两种不同的胡椒，说的可能是黑胡椒和长胡椒。[②] 安提法奈斯（Antiphanes），古希腊诗人和剧作家，他这样写胡椒："他们提出一项动议，如果一个人应该将它买的胡椒带回家，他们会动议处其间谍的酷刑。"[③]

公元 64 年：在《厄立特利亚海航行记》（*Periplus of the Erythraean Sea*）中，这部希腊文手稿详细记录了海上航行与贸易，胡椒在其中是印度西海岸卡奇湾（当时称为巴拉卡湾）的出口商品。[④]

公元 77 年：在普林尼的记录中：黑胡椒是四个第纳里乌斯一磅，白胡椒是七个第纳里乌斯一磅。[⑤]

公元 40—90 年：迪奥斯科里德斯写到了白胡椒，在他的文字中，表明当时的人们普遍认为黑胡椒和白胡椒来自两种不同的植物。[⑥]

公元 176 年：于罗马皇帝马可·奥勒留的治下，印度与罗马之间的贸易蓬勃发展。公元 176 年，罗马对长胡椒和白胡椒征收关税，当时它们的价格比黑胡椒高很多。[⑦]

[①] 《香料之书》，339 页；《香料：它们是什么以及来自何处》，13 页。
[②] 《香料》，251 页。
[③] 《香料：诱惑的历史》，59 页。
[④] 《香料》，251 页。
[⑤] 《香料：诱惑的历史》，73 页。
[⑥] 《香料》，251 页。
[⑦] 《香料之书》，339 页。

公元 408 年：到五世纪初，胡椒已经变得相当昂贵，甚至被用来代替货币支付税款。当西哥特国王亚拉里克一世于公元 408 年围困罗马时，三千磅胡椒是解困罗马所需赎金的一部分。①

公元 600 年：塞维利亚的圣依西多禄（Isidoro de Sevilla）认为，胡椒的表面之所以起皱，是收获胡椒的人在树下生火驱蛇所致。②

公元 978 年：《埃塞尔雷德法典》（就是那个在 978 年至 1016 年统治英国的人）写有，进入伦敦的商人应缴纳十磅胡椒（还有一些丁香和醋）作为税款。③

公元 1000 年：到了千年之交，胡椒在整个欧洲已经不足为奇，尤其是在贵族之间。④

十二世纪：被运到欧洲的胡椒数量如此之多，地位如此之重要，以至于英国成立了胡椒行会，这是一个负责监管胡椒进口和劳务的贸易组织。⑤它逐渐变成一个香料行会，在 1429 年称为杂货商公司，直至今日仍以受人尊敬的杂货商之名存在于伦敦。从事香料交易的商人，即使业务范围远不只胡椒（pepper），仍然会被称为 pepperer，同样的事也发生在法国，被称为 *poivrier*，在德国则叫 *Pfeffersacke*。⑥

---

① "香料汇编"，12 页；《香料之书》，340 页；《香草和香料全书》，201-202 页。
② 《香料：诱惑的历史》，87 页。
③ 《香料》，252 页。
④ 《香料：诱惑的历史》，101 页。
⑤ 《家庭花园的香草与香料之书》，164 页。
⑥ 《香料之书》，340 页。

中世纪：在中世纪，胡椒是欧洲和印度之间少有的联系，尽管胡椒贸易各端的人们并不相互了解，胡椒却将世界联系了起来。如此贵重，看起来也是必需品，胡椒在欧洲被当作通货，用来支付租金和嫁妆，农奴可以用胡椒来购买自由。[①] 胡椒租金一词，是指已经支付的一点点租金，或者按惯例定期支付的一点，而非实际需要支付的租金。[②]

盐与胡椒

如同相恋中的爱人，盐和胡椒融合了彼此的风味，共奏佳音。它们在全美洲的餐馆桌面和厨房台面相邻而立。从蔬菜、土豆到烤肉和炖菜，它们为所有食物调味。连关于它们的传说都混在了一起：胡椒，而不是盐，可以将魔鬼从桌上驱离，并且在驱魔期间，可以用胡椒代替其他魔法材料。在有些故事中，将盐和胡椒混合并撒在屋外，是阻止来访的魔鬼进屋的最佳办法。[③] 盐和胡椒是香料的支柱，尽管它们之间的所有香料都有其价值且重要。最后，彼此共存时，香料的表现永远更好，就像盐与胡椒。

---

① 《香料：诱惑的历史》，92 页。
② 《香料之书》，340 页。胡椒租金的第二个含义在 1973 年依然存在，查尔斯亲王拥有他的康沃尔公爵领地，收下了一磅胡椒作为贡品。
③ 《坎宁安的魔法香草百科》(*Cunningham's Encyclopedia of Magical Herbs*)（盐和胡椒，21 页）。

后　记

　　祖父母无疑是香料的全料专家。经营他们的生意五十年，把手艺教给自己的孩子，然后是孩子的孩子，他们也许比世界上的绝大多数人更懂香料。也就是说，到我来到店里的时候，他们已经工作了几十年，我认为他们已经知道了所需知道的一切。但是，在我还是小孩子，在店里工作的那段时间里，我看到他们在不断向顾客学习，世界上的其他地方是怎样使用香料的，香料之间又是如何出人意料地互补的。学无止境，这本书只是香料世界的一次探索，我很确定其他人还有更丰富的香料知识。在无尽的知识深海中，我的只是蛤蜊的一吸。

　　然而，香料却实实在在地定义了我。我的厨房里到处都是它们，我工作桌的抽屉里也满是它们（稍一拉开，味道就会蹿出）。同事们在吃午饭或比萨时向我寻求调味的建议。当朋友出差在外看到彭齐香料店，或者在亲戚家的厨房发现我们的香料罐时，都会给我发来照片。写作这本书之前，我从没有意识到，当我谈论对香料的爱的时候，我谈论的是我的家人。写下自己对香料的颂歌，也是记住我从他们那里所学的一切。

我最喜欢的书之一是《香料宝库》（*A Treasury of Spices*），来自美国香料贸易协会。这本书印刷于 1956 年，就在祖父母结婚并创办威廉·彭齐咖啡公司（香料屋的前身）的前一年。在书的 100 页和 101 页之间夹着一张纸，这两页上是以 C 字母开头的香料，小豆蔻、肉桂花蕾、卡宴辣椒、芹盐和旱芹籽，而那张纸，是从香料罐标签纸卷上撕下来的一张。纸上空白的一面有祖母用红色马克笔写的字："九月快乐！爱你。"背面是迷迭香的介绍标签："完整迷迭香：至少从莎士比亚的时代起，迷迭香就是恋人的香草，象征着爱情、信任与记忆。"不知道祖母是不是特意选了迷迭香的标签，不知道祖父是把它特意当作书签插在了这本特别的书的特别的位置，还是仅想保存这个便条，而这本书恰好正在手边，就这样将他一生的挚爱深藏于他一生的劳作。

在这些书页之间还有别的，是伊娃、卢卡斯和我在香料屋工作的照片。照片里，我们坐在一个由大理石板和纸箱搭成的临时工作桌周围，正忙着往罐子里面装姜。背面有祖母手写的日期，1994 年 7 月，那时伊娃和我五岁，卢卡斯三岁。有些家庭有自己的家庭录像，而我手上的《香料宝库》无疑就是我家的宝库，由祖父母保管，后景是香料，前景是他们的孙辈。

我的兄弟姐妹在香料屋帮忙

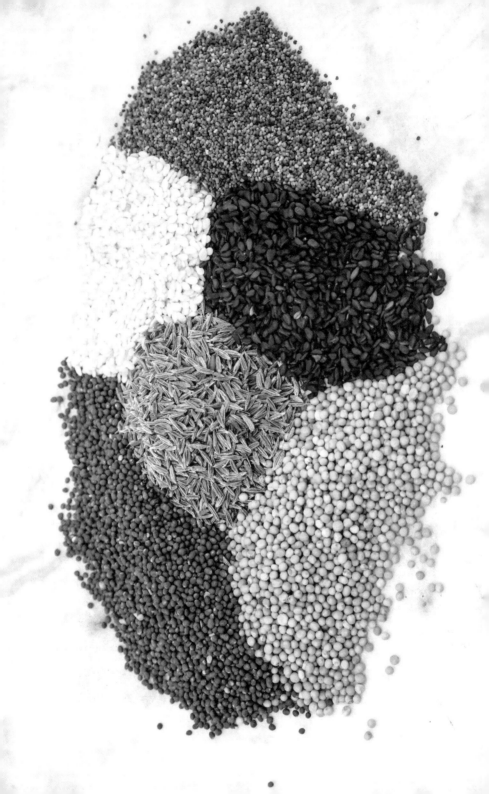

附录A

. . . .

香料混合

"如果能够取得多种香料，就不要只用一种。"

——《草药学家》里关于烹饪的古老箴言

※ 阿斗波 / Adobo

. . . .

阿斗波的名字 adobo 或 adobar，来自西班牙语，意思是腌泡或淋汁。在伊比利亚半岛，它通常包含红甜椒粉、牛至、盐和蒜，一般会混入酱油或醋中。阿斗波在拉丁美洲已被广泛接受，很多地方都会同时干用和湿用。另外添加的成分可能有洋葱粉、孜然，以及各种辣椒粉。

※ 阿德维 / Advieh

. . . .

阿德维在波斯语中就是香料的意思，主要用于伊朗美食。大多数配方都包含肉桂、小豆蔻、丁香、姜黄、孜然、姜和独特的玫

瑰花瓣 / 花苞。个性化的版本有各自强化风味的方式：芫荽、豆蔻、黑胡椒、豆蔻肉，等等。它经常被撒在米饭、鸡肉和豆类菜品上。用于炖菜时（因此叫作 Advieh-e khoresh①），几乎总是同时用上番红花。

❋ 柏柏利 / Berbere
· · · ·

柏柏利是埃塞俄比亚和厄立特里亚美食的关键成分，其中包含不少在其他地方鲜为人知的成分，它们的名字大多由熟悉的东西组成。细叶糙果芹（ajwain）可能被叫作阿杰万葛缕子（ajowan caraway），黑种草（nigella）有时是黑葛缕子或黑孜然，科利马非洲豆蔻（korarima）的别名是埃塞俄比亚小豆蔻或假小豆蔻。除了这三种，柏柏利通常还包含辣椒、蒜、姜、罗勒、芸香（恩典之草）和胡芦巴。如果找不到这些当地香料，通常可以用甜的红甜椒粉、小豆蔻、多香果、肉桂、豆蔻和芫荽代替。如果你是尝试自己的配方，请特别注意辣的程度。

---

①   Khoresh 是伊朗炖菜的统称。——译者注

❋ 卡津调味料 / Cajun Seasoning

· · · ·

基本的卡津调味料是由蒜粉、洋葱粉、甜的红甜椒粉、百里香和卡宴辣椒组成。由于重点不是热感，所以不少人会添加其他香草来提升复杂度：牛至、欧芹和罗勒都是不错的选择。请注意，卡津调味料在卡津烹饪和克里奥尔烹饪中都是必不可少的，唯一的区别是克里奥尔烹饪会用番茄，卡津烹饪不用。

❋ 查特玛萨拉 / Chaat Masala

· · · ·

Chaat 泛指印度常见的街边的小吃，比如咖喱饺、阿卢提其（aloo tikki，一种薯饼）、帕迪（papdi，一种饼）等油炸菜品。查特玛萨拉只是撒在上面的调味品（masala 的意思是混合或原料），这意味着它可以有很多变化。不过，通用香料有阿魏脂、孜然、芫荽、姜、盐、黑胡椒、某种辣椒粉，以及独特的芒果粉（amchoor 或 aamchur）。这种粉末是由未成熟的绿芒果制作，将其切成薄片并在阳光下干燥，直到足够坚硬可以磨碎。它为查特玛萨拉添加了酸和柠檬般的刺激风味，并能很好地衬托搭配查特的各种酸辣酱（chutney）。

❀ 杜卡 / Duqqa
· · · ·

杜卡是一种以坚果为基础的埃及香料混合。这个名字的意思是"捣碎"，因为其原料是完整烘烤后压碎的（或者温和一些，放进研磨器）。榛子是传统配方中的基础，不过也有些会添加扁桃仁，或以扁桃仁替代。杜卡可以追溯至古埃及，从那时起配方就在一直不断发展，不过芝麻（白和黑）、芫荽、孜然、盐和黑胡椒是始终如一的。在不同时代的文字中还出现过茴香、葛缕子、墨角兰、薄荷、扎塔、鹰嘴豆、黑种草、辣椒粟粉、松子、南瓜籽和葵花籽。杜卡通常作为蘸料，只需要添加油。

❀ 格拉姆玛萨拉 / Garam Masala
· · · ·

格拉姆玛萨拉可能是印度次大陆最出名的香料混合，现在在世界各地都能够找到。Masala 可以简单地理解为香料混合（源自乌尔都文和阿拉伯文中的原料一词），而 garam 是乌尔都文中辣或刺激的意思，尽管这个词相比起形容味道，其含义更多的是关于提升体温的假定治疗特性（如阿育吠陀中）。实际上，格拉姆玛萨拉并没有真正的"辣"香料，而是以黑胡椒、小豆蔻、肉桂、芫荽、孜然和豆蔻为基础。可选的香料有阿魏脂、丁香、茴香、蒜、姜、豆蔻肉、芥菜籽、八角、酸豆和姜黄。有些版本还会包含香草，常见的有月桂叶、胡芦巴或落葵。格拉姆玛萨拉与咖喱粉的区别在于，它不含有任何辣椒，且通常只有较少的几种成分。在印度北部美食中，通常是使用香料混合的粉末，在南部则是先将其加入椰奶、醋或水中。

❋ 哈里萨 / Harissa
• • • •

首先，没错，哈里萨是一种酱。但它是一种香料酱，所以也算数。从研磨葛缕子、芫荽、孜然、蒜和盐开始，然后将辣椒煮熟并与其他香料和少许橄榄油一起搅成酱。如果需要干料，使用辣椒粉，忽略橄榄油。可以试试卡宴辣椒和红甜椒粉带来的热感变化，也可以加一些薄荷或芫荽叶来添加一些香草的清凉。

❋ 哈瓦伊 / Hawaij
• • • •

由于 Hawaij 在阿拉伯文中就是混合的意思，所以这个名字可以指两种也门香料混合。第一种主要用于汤，尽管它也可以用在炖菜和咖喱中，撒在米饭和蔬菜上，或在烧烤时使用。这种基本的咸鲜哈瓦伊混合应包含黑胡椒、孜然、姜黄、绿色小豆蔻。更复杂的版本可以添加葛缕子、丁香、芫荽叶和姜。另一种哈瓦伊主要被放进咖啡里（在冲泡过程中，而不是加到杯子里），尽管它已经被应用于一些甜食和肉类食谱。这种哈瓦伊混合的重点在茴芹和茴香的光果甘草风味，此外还有姜、小豆蔻和肉桂。

❈ 牙买加肉干香料 / Jerk
· · · ·

这种香料混合通常用于鸡肉或猪肉，jerk 是牙买加当地的明火烹饪方式，使用的干裹料主要是多香果（在牙买加叫 pimento）和辣椒。如果喜辣又能够买到，原产于加勒比的苏格兰帽子辣椒是首选，其他的干辣椒，甚至红辣椒碎和卡宴辣椒都能行。可以使用不等数量的其他香料来充实这种混合，包括但不限于肉桂、孜然、蒜、豆蔻、洋葱、红甜椒粉、欧芹和百里香。

❈ 米特米塔 / Mitmita
· · · ·

这种埃塞俄比亚香料混合适合吃辣的人，里面有皮利皮利辣椒，或者叫鸟眼辣椒（皮钦辣椒和斯拉诺辣椒也可以）。米特米塔由小豆蔻、丁香、肉桂、孜然混合而成，有时其中也有姜。它可以用于菜品（特别是生肉菜品 kitfo），也可用作调味品（比如英杰拉，这道埃塞俄比亚国菜）。

❈ 蒙特利尔牛排调味料 / Montreal Steak Seasoning
· · · ·

料如其名，蒙特利尔牛排调味料可以用来给牛排和其他烤肉调味。这种香料混合基于蒙特利尔风格熏肉必需的腌制香料，这种熏肉在犹太移民社群中非常受欢迎，用牛腩制作。基础的版本包含盐、黑胡椒、红辣椒（卡宴辣椒居多）、蒜、红甜椒粉，以及神秘的"天然香料"。在家里做通常会加入洋葱、芫荽和莳萝籽。

❋ 老湾调味料 / Old Bay Seasoning
· · · ·

老湾调味料由德国移民开发，现在是味可美公司特有的品牌名称，至今仍在老湾——马里兰州的切萨皮克湾生产。已知的成分有芹盐、黑胡椒、红辣椒碎和红甜椒粉。完整的风味特征可以加上全部或部分这些香料模拟：月桂叶（粉）、干芥末姜、豆蔻、丁香、多香果、豆蔻肉和小豆蔻。这种调味料主要与虾和蟹一起使用，几乎可以添加到任何海鲜和巧达浓汤（chowder）中，甚至任何食物：鸡肉、鸡蛋、油炸菜品、玉米、土豆、沙拉、爆米花等。

❋ 潘奇弗朗 / Panch Phoron
· · · ·

潘奇弗朗在印度次大陆之外并不广为人知，它是孟加拉和尼泊尔版的五香调味料。它所有的成分都是种子：胡芦巴、黑种草、孜然、茴香和黑芥菜籽（在孟加拉，芥菜籽可能会被滇南糙果芹 / 野旱芹籽替代）。这种香料混合历来完整使用，无须研磨，通常先在芥菜籽油或酥油中煸炒，然后再添加其他食材。

❋ 甜粉 / Poudre-Douce
· · · ·

中世纪和文艺复兴时代的食谱都提到过甜粉，但是很难找到它的配方。不过一份十四世纪的手稿列出了天堂椒、姜、肉桂、豆蔻、糖和高良姜。现代版本的重点是肉桂和姜。甜粉即 poudre-douce 的直译，此外还有"强粉"（poudre-forte）。这个强化版本添加了黑胡椒和丁香。

❋ 卡拉达卡 / Qâlat Daqqa
· · · ·

卡拉达卡是突尼斯版的五香调味料：丁香、豆蔻、肉桂、胡椒（任何颜色）和天堂椒。和其他地方的五香调味料一样，卡拉达卡很少用于甜食，尽管里面有丁香、豆蔻和肉桂。它可以用作烤肉裹料（尤其是羊肉），或者用于蔬菜菜品，特别是带有南瓜和茄子的，偶尔也出现于水果酥和派中。

❋ 四香调味料 / Quatre Epices
· · · ·

这个名字在法文中就是"四种香料"的意思，它是法国香草碎的邻居，包含磨粉的胡椒（白或黑）、丁香、豆蔻和姜。如需较轻的口味，用多香果代替胡椒；如需增加甜感，使用肉桂代替姜。添加更多香料会让这种混合名不副实，不过四种香料的比例在不同配方中可能有相当大的不同：从四种平均到几乎全部胡椒搭配少量其他风味。很自然，它主要用于法式菜品（尤其是汤、炖菜和熟制肉），但在一些中东菜品中也能找到这种香料混合。

❋ 北非综合香料 / Ras el Hanout
· · · ·

很难说北非综合香料来自哪里，它的名字是阿拉伯文"镇店之宝"的意思，并且在整个北非都能找到（尽管主要关联于摩洛哥）。每个香料商人都用他最好的香料混合制作自己的镇店之宝，用在肉或者撒在米饭和古斯米上。十几种香料似乎只是最少的，有些混合可以包含二十多种香料。最常见的成分是那些在世界各地都能找到的：茴芹、小豆蔻、孜然、丁香、肉桂、茴香、豆蔻、豆蔻肉、多香果、姜、芫荽、胡椒（黑和白）、一些品种的辣椒、红甜椒粉（甜和辣的）、胡芦巴和姜黄。其他的更具地区性，可能不易购买：花楸、油莎草、尾胡椒、高良姜、天堂椒、长胡椒、鸢尾根、僧侣胡椒（穗花牡荆）和玫瑰花苞。其他的区别还有其中的全部或某些香料是否在混合前经过烘烤。注意：北非综合香料中通常不包含盐、蒜或番红花，因为盐和蒜适合在餐桌上添加，番红花会压倒其他风味。

✳ 七味唐辛子 / Shichimi
· · · ·

这种日本香料混合的全名是 shichimi tōgarashi，也可写作 nana-iro tōgarashi，即七色唐辛子。它必须包含红辣椒（粗研磨）、陈皮、山椒、黑白芝麻、罂粟籽和紫菜，火麻仁、姜、蒜或紫苏可以作为补充。这样是否就超出了七味，很大程度上取决于你是否将黑芝麻和白芝麻算作单独的一味。

✳ 塔可调味料 / Taco Seasoning
· · · ·

塔可调味料和使用它的塔可一样灵活多变。使用蒜、洋葱、牛至、红甜椒粉、孜然，以及某种辣椒（许多配方中只是简单写了辣椒粉，这样毫无帮助还会让人困惑）作为基础，就不会出错。这是一个值得反复尝试的组合，使用不同的辣椒，或者添加一种秘密配方（一般是芫荽），又或者调整原料的比例。这个组合适用性超广，无论饼是软是硬（或者是布里多、法西达、可萨迪亚①），也无论塞进什么馅料：牛肉、鸡肉、猪肉、豆子或蔬菜，都能完美胜任。不过它在鱼肉塔可中并不常见，柑橘和芫荽叶统治着这里，但也仅仅是不常见。

———————————————

① Burrito，fajita，quesadilla，卷饼，铁板配饼，奶酪馅饼，均形式多变。——译者注

❋ 维度温 / Vadouvan

• • • •

印度玛萨拉的法国衍生物，带有额外的香气，维度温的制作从孜然、胡芦巴、蒜、芥菜籽和洋葱开始，最终变成各种形式的咖喱。传统方法中，它会经历数个干燥程序，从完整状态下晒干开始，之后是与油混合并复干的多个循环。可以用于各种需要咖喱的场合。

附录B

· · · · · · · · · · · · · ·

食 谱

✳ 阿勒颇炒蛋 / Aleppo Eggs

· · · ·

供 1 人享用   香料：阿勒颇辣椒，蒜

用阿勒颇辣椒和蒜为简单的炒蛋提味，阿勒颇辣椒还会带给鸡蛋令人愉悦的红色。

2 个鸡蛋	2 茶匙阿勒颇辣椒
1 汤匙黄油	⅛ 茶匙蒜粉
1 汤匙牛奶或奶油	盐和黑胡椒，根据口味

将鸡蛋、牛奶 / 奶油、阿勒颇辣椒、蒜粉、盐和黑胡椒一起搅拌。用平底锅中火熔化黄油。当黄油温度上升至起泡状态，加入混合蛋液。调节至小火。用硅胶铲持续从锅底将较熟的鸡蛋翻至顶部，烹饪 5 分钟，或鸡蛋熟至所需的质地。从平底锅盛出；如有需要，使用相同的香料进一步调味。

笔记：从火上移开后，鸡蛋还将继续变熟 / 变硬。在达到你所需的质地之前就将鸡蛋盛出，等待一分钟；这时它们应该是完美状态。

✸ 扁桃仁蓝莓格兰诺拉麦片 / Almond-Blueberry Granola
• • • •

制作 5~6 杯   香料：盐，肉桂，香草

使用橄榄油可以让格兰诺拉麦片更美味——不要使用别的油。

4 杯干滚压燕麦片（老式）   ½ 杯橄榄油

1½ 杯扁桃仁片   ½ 杯蜂蜜

½ 杯红糖   2 茶匙扁桃仁提取物

½ 茶匙盐   1 茶匙香草提取物

1 茶匙肉桂   ½ 杯蓝莓干

将烤箱预热至 325 华氏度（约 163 摄氏度）。

在一个大碗中混合燕麦片、扁桃仁片、红糖、盐和肉桂。

在一个可用于微波炉的盘子或锅中混合橄榄油、蜂蜜、扁桃仁提取物和香草提取物。在微波炉中或火上加热。如使用微波炉，加热 2 分钟。如在火上，用中火加热，持续搅拌直至蜂蜜变稀，3~4 分钟。

趁热将液体食材加入碗中，与固体食材混合，直至包裹均匀。在大烤盘中摊开，放入烤箱烘烤至金褐色，大约 1 小时。每 10~20 分钟打开烤箱，用铲子或大勺将四周的燕麦片移动到中间。

冷却后立刻与蓝莓干混合。

笔记：燕麦片从烤箱中取出后还将再变干和变硬一些，所以即使看起来仍是浅褐色，它们的颜色还会变深。如需要较轻的咀嚼声，提前从烤箱取出燕麦片。

✻ 印式土豆花椰菜 / Aloo Gobi
· · · ·

供 4 人享用   香料：咖喱，芫荽，芥菜籽，孜然，芫荽叶，盐

土豆和花椰菜，加上大量的香料，就是一道简单的印度菜。

6 个中等大小的红土豆	1 茶匙完整棕芥菜籽
2 杯花椰菜（半颗，切开）	½ 茶匙完整孜然
2 汤匙咖喱粉	2~3 汤匙柠檬汁
1 茶匙芫荽籽粉	3 汤匙新鲜芫荽叶，切碎
½ 杯加 1 汤匙水	1 个哈乐佩纽辣椒，去籽，切细丝
2 汤匙黄油或橄榄油	盐，根据口味
1 颗小个黄洋葱，切碎	

将 2 夸脱水烧开，加入红土豆。转小火炖煮，直到土豆软到可以插进餐叉，但不要烂成泥状，大约 20 分钟。捞出冲水，直到温度降到可以触摸。土豆去皮切块。

在煮土豆的同时，另取一个小锅，装水煮沸。将花椰菜切成小朵，洋葱切碎。花椰菜下锅煮 3 分钟，捞出冲水。沥干。

将咖喱粉和芫荽籽粉在 1 汤匙水中混合；静置至少 3 分钟。用中高火在煎锅中加热黄油／橄榄油。加入洋葱碎、棕芥菜籽和孜然。当种子发出嘶嘶声和噗噗声时，加入咖喱糊，煸炒 3 分钟，使咖喱均匀包裹洋葱。加入柠檬汁、土豆和花椰菜，煸炒至包裹均匀。加入芫荽叶和哈乐佩纽辣椒，以及 ½ 杯水。调小火慢煮，使蔬菜热透，汤汁变稠，大约 10 分钟。

根据口味加盐，与番红花米饭一同上桌。

✳ 茴芹扁桃仁曲奇 / Anise-Almond Cookies
· · · ·

制作 36 块小曲奇　　　　　　　　香料：茴芹，香草

即使以前没有喜欢过茴芹，也不妨尝试。它们非常美味。

1 杯糖　　　　　　　　　　　　¼ 茶匙扁桃仁提取物

1 个鸡蛋和 1 个蛋黄　　　　　　2 杯杏仁粉

1 茶匙茴芹籽　　　　　　　　　⅓ 杯粗糖

1 茶匙香草提取物

将烤箱预热至 350 华氏度（约 177 摄氏度）。

混合糖和鸡蛋。加入茴芹籽、香草提取物和扁桃仁提取物。低速电动搅拌。杏仁粉过筛加入混合物。

将面团搓成小球，滚或撒上粗糖。在烘焙用纸或油纸上烘烤，软曲奇（看起来扁而散）9 分钟，脆曲奇（圆顶而微微发棕色）12 分钟。

✳ 烤肉桂苹果 / Baked Cinnamon Apple
· · · ·

供 1~2 人享用　　　　　　　　香料：肉桂

如果买了苹果酒回家，就是时候做一个肉桂苹果了，烤得软软的，就像快要融化。我喜欢上面有脆脆的糖粉奶油细末，还有用威士忌代替部分苹果酒。我特别喜欢把这种零食当作一个人享用的甜点，比如一人份（或两人份）的苹果派。

¼ 杯红糖

¾ 杯黄油，冷藏

¼ 杯干滚压燕麦片（老式）

2 茶匙肉桂粉

¼ 杯榛子碎

2 个苹果（布雷本苹果较合适）

2 茶匙枫糖浆

½ 杯苹果酒

香草冰淇淋或酸奶

可选：

3 汤匙威士忌

将烤箱预热至 350 华氏度（约 177 摄氏度）。

将红糖、黄油、燕麦片和肉桂粉放入一个大碗中混合。用手混合碗中的食材，直到产生碎块（冷黄油会让这一过程更容易）。加入榛子碎混合。放在一旁，远离热源，如果厨房较热可以放入冰箱。

用小刀给苹果去核，在底部留下差不多 1 英寸厚。你正在挖一个装糖粉奶油细末的洞，所以你不想把洞挖穿，也不想洞口宽洞底窄。

淋 1 茶匙枫糖浆到每个苹果中，然后装满糖粉奶油细末。将苹果放入 8 英寸 × 8 英寸（约 20 厘米 × 20 厘米）的烤盘，把苹果酒和威士忌倒进烤盘里，在苹果周围。

烘烤 40 分钟。苹果应该变得非常软，但是没有碎开，糖粉奶油细末应该是金褐色的。从烤盘上取下苹果，放入碗中，冷却 5 分钟。

另外一边，将烤盘里的酒倒入一个小锅。中火快煮，保持搅拌。酱汁越浓，也就越甜。我会煮到自己忍不住要吃苹果时。

直接把酱汁倒在苹果上，再往上面放一勺冰淇淋或酸奶。

笔记：剩余的糖粉奶油细末可以在冰箱中保存两周，可以留给其他甜点或苹果。

❋ 油醋汁 / Balsamic Vinaigrette
· · · ·

供 2 盘沙拉使用   香料：白芝麻，黑芝麻，罂粟籽，盐，黑胡椒

这种易于制作的沙拉汁可以为几乎所有沙拉增添风味。我经常用在生菜沙拉和烤甜菜上。

1 茶匙白芝麻   黑胡椒，根据口味

1 茶匙黑芝麻   ½ 汤匙意大利香醋

1 茶匙罂粟籽   1 汤匙橄榄油

1 捏盐

平底锅小火，加入白芝麻、黑芝麻和罂粟籽。大约每分钟摇晃平底锅，直到白芝麻变成褐色，大约 5 分钟。从平底锅盛出，放在一旁。

冷却之后，将几种种子、盐和胡椒放入一个小碗，加入意大利香醋和橄榄油，用餐叉混合。种子使油和醋更容易乳化，这个淋汁更像是浆状。

笔记：可以增加烘烤种子的程序，会增添不错的风味，让种子尝起来更具坚果和油脂味，从而微妙地提升沙拉。

❀ 香蕉肉桂燕麦片 / Banana Cinnamon Oatmeal

· · · ·

供 1 人享用　　　　　　　　香料：香草，肉桂，盐

核桃、香蕉和肉桂是三种非常搭配的口味，使燕麦片健康的同时更美味。

1 杯水

½ 杯干滚压燕麦片（老式）

½ 茶匙香草提取物

½ 茶匙肉桂粉

1 捏盐

1 汤匙核桃碎

1 根香蕉，纵向对切，再切成半英寸小块

1 茶匙蜂蜜或枫糖浆

在一口小锅中将水煮沸。加入燕麦和香草提取物，调至中火。搅拌直至达到所需稠度;燕麦片应该已经吸收水分，但没有呈糊状。将锅从火上移开，加入肉桂粉、盐、核桃碎和香蕉块。加入蜂蜜或枫糖浆，调节至喜欢的甜度。

✵ 酪乳牧场沙拉汁 / Buttermilk Ranch Dressing
· · · ·

制作 1½ 杯

香料：盐，红甜椒粉，芥末，黑胡椒，欧芹，虾夷葱，莳萝

自制沙拉汁比你想象中容易。这是父亲的食谱，比买来的那些都好。

1 杯酪乳，或 ½ 杯酪乳，½ 杯酸 奶油	⅛ 茶匙红甜椒粉
	⅛ 茶匙黑胡椒
½ 杯蛋黄酱	1 汤匙新鲜欧芹，切碎
¼ 茶匙芥末粉	1 茶匙新鲜虾夷葱，切碎
1 茶匙柠檬汁	¼ 茶匙干燥莳萝或 1 茶匙新鲜的，
½ 茶匙盐	切碎

在一个中等大小的碗中，搅拌酪乳和蛋黄酱，直到完全混合。加入所有其他食材，调节口味。在冰箱密封保存，可以放一周。

笔记：如果手头没有酪乳，或者忘记买，这里有几种替代品。可以在 1 杯牛奶（全脂或 2%）中加入 1 汤匙柠檬汁或醋，在室温中静置 5~10 分钟使其变稠。或者，可以用 1¾ 茶匙塔塔粉使 1 杯牛奶变稠。又或者，可以使用水稀释酸奶、酸奶油或克菲尔，以达到所需稠度。

❄ 糖姜燕麦片 / Candied Ginger Oatmeal

· · · ·

供 2 人享用   香料：姜，肉桂，盐

糖渍姜的嚼劲带给燕麦片质感和乐趣。

1 杯水   ⅛ 茶匙肉桂粉

½ 杯干滚压燕麦片（老式）   ¼ 核桃碎（稍微烘烤，如果想要）

¼ 杯糖渍姜（小块），或大块切小   蜂蜜或枫糖浆，根据口味

用一口小锅将水煮沸。加入燕麦片、糖渍姜和肉桂粉，调至中火。搅拌直至达到所需稠度；燕麦片应该已经吸收水分，但没有呈糊状。将锅从火上移开，拌入核桃碎。加入蜂蜜或枫糖浆，来加些甜味。

❋ 小豆蔻脆

· · · ·

制作 8 打小曲奇   香料：小豆蔻，盐

这种酥脆的小曲奇和十二月太合得来了，它们有某种独特的假日感。

1¼ 杯糖   1½ 茶匙泡打粉

1 杯黄油   ½ 茶匙小豆蔻粉

2 个鸡蛋   ½ 茶匙盐

2½ 杯中筋面粉   糖或椰子粒，根据口味

将烤箱预热至 375 华氏度（约 191 摄氏度）。

将糖和黄油混合。将中筋面粉、泡打粉、小豆蔻粉和盐一起过筛。分次拌入黄油混合物。

每次将 ½ 茶匙的圆面团置于未涂油的曲奇烤盘。用覆盖湿布的玻璃将面团压至 ⅛ 英寸厚。撒上糖或椰子粒。

烘烤 8~10 分钟;曲奇边缘应该是浅棕色。在烤盘上冷却 30 秒，然后转移至冷却架。

❋ 不止肉桂法式吐司 / Cinnamon-and-More French Toast
• • • •

供 2 人享用   香料：肉桂，豆蔻，多香果，小豆蔻

温暖的香料让这款法式吐司比仅仅甜的食谱更有趣。有时我会往肉桂里面加入更多温暖的香料，比如姜。

6 个鸡蛋   ½ 茶匙多香果粉

1 汤匙全脂牛奶或半奶油   ¼ 茶匙小豆蔻粉

2 茶匙外加少许肉桂   6~8 厚切片高纤维面包

肉桂糖   2 汤匙黄油

½ 茶匙豆蔻粉   黄油和枫糖浆，根据口味

在一个中等大小的碗里将鸡蛋打匀。与牛奶、2 茶匙肉桂粉、豆蔻粉、多香果粉、小豆蔻粉混合。将面包切片的两面分别浸入蛋液，浸泡几秒再换面。在一面撒少许肉桂，在另一面撒少许肉桂糖。

在一个大平底锅中加热黄油。当黄油温度上升至起泡状态，加入面包，每面煎大约 3 分钟，直到呈浅褐色且变脆。搭配黄油和枫糖浆享用，如果需要，可以添加更多肉桂糖。

笔记：将面包浸入蛋液之后，再撒一些肉桂和肉桂糖到面包上，和鸡蛋一同在黄油中煎成硬皮，可以凸显甜肉桂风味。我喜欢这个，但是如果需要不明显的肉桂风味，请忽略此步骤。

❋ 蒜炒鸡蛋 / Garlicky Scrambled Eggs
. . . .

供 1 人享用（可加倍）　　　　香料：蒜，洋葱，牛至，黑胡椒，盐

让炒蛋更可口的简单方法。

3 个鸡蛋　　　　　　　　　⅛ 茶匙牛至

1 汤匙牛奶或重奶油　　　　⅛ 茶匙黑胡椒

¼ 汤匙蒜粉　　　　　　　　1 捏盐

少许洋葱粉　　　　　　　　3 茶匙黄油

将鸡蛋打入碗中。加入牛奶 / 奶油、蒜粉、洋葱粉、牛至、黑胡椒和盐。黄油在小平底锅中中火加热。当黄油温度上升至起泡状态，加入蛋液。调至最小火。用硅胶铲持续从锅底将较熟的鸡蛋翻至顶部，烹饪大约 5 分钟，或鸡蛋熟至所需的质地。从锅中盛出，如有需要，添加更多香料。

笔记：从火上移开后，鸡蛋还将继续变熟 / 变硬。在达到你所需的质地之前就将鸡蛋盛出，等待一分钟；这时它们应该是完美状态。

❋ 高纤维绿色早餐（晚餐）沙拉 / Hearty Greens Breakfast (or Dinner) Salad
. . . .

供 2 人享用　　　　　香料：蒜，黑胡椒，白芝麻，黑芝麻，罂粟籽

我家最受欢迎的早餐之一，也可以作为一天中的任何一餐。

2 条培根   1 茶匙黑芝麻

1 汤匙橄榄油   1 茶匙罂粟籽

1 杯面包块（我喜欢意式长面包）   1½ 汤匙意大利香醋

¼ 茶匙蒜粉   ¼ 杯白醋

¼ 茶匙盐   2 个鸡蛋

⅛ 茶匙黑胡椒   1 磅春季混搭蔬菜

1 茶匙白芝麻   ¼ 杯山羊奶酪，弄碎

煎 2 条培根，置于纸巾上沥干，放在一旁。倒掉锅中培根煎出的一半油，留下一半。加 1 汤匙橄榄油到平底锅。将面包切成半英寸的方块。锅中油热后，加入面包块。往面包上撒蒜粉、盐、黑胡椒，摇晃平底锅使食材混合均匀。煎面包，每分钟左右摇晃一次，直到面包呈金黄色并变脆，5~7 分钟。置于纸巾上，放在一旁。

在另外一个煎锅中，用最小火烘烤白芝麻、黑芝麻和罂粟籽。每分钟左右摇晃一次，直到白芝麻变成褐色，大约 5 分钟。从锅中盛出，放在一旁。冷却之后，移至一个小碗，加入意大利香醋和橄榄油搅拌。

取一中等大小的锅加水，文火慢煮，然后加入白醋。小心地在一个浅碗中打入两个鸡蛋。如果蛋黄打破，则放在一旁另取一个鸡蛋。小心地将鸡蛋滑入慢煮的水中。待鸡蛋煮熟，大约 4 分钟。用漏勺小心地从水中取出鸡蛋，在纸巾上沥干。

将春季混搭蔬菜和面包块分到两个大碗中。培根和山羊奶酪弄碎放入。如果淋汁已经分层，就快速搅拌，然后淋在沙拉上拌匀。在沙拉上放置鸡蛋，划开。

❋ 懒番茄罗勒汤 / Lazy Tomato Basil Soup
· · · ·

供 6~8 人享用   香料：罗勒

使用碎番茄和番茄汤罐头，借助蔬菜和罗勒，这个食谱赋予罐头产品魅力，而又不必花费时间从头熬汤。

2 汤匙橄榄油	1 个 16 盎司碎番茄罐头
1 个中等大小的黄洋葱，切丁	1½ 杯半奶油
1 个红或黄菜椒，切碎	2 汤匙干燥罗勒或 ¼ 杯新鲜罗勒，
2 个 8 盎司番茄浓汤罐头	切碎

取一个大平底锅，中火热油。当油微微闪光时，加入洋葱。煸至洋葱发软，大约 5 分钟。加入菜椒煸至发软。加入番茄浓汤、碎番茄、半奶油和一半罗勒。煮沸，然后慢煮 1 小时，经常搅拌。撒上剩下的罗勒上菜。

笔记：喝不了的汤下顿饭的时候会更美味。你可能会因此多煮，在接下来的一两天继续享用美味。如果需要，可以使用微波炉，但最好是在炉灶上小火加热。

❋ 红甜椒韭葱奶酪通心粉 / Paprika-Leek Mac and Cheese
· · · ·

供 6 人享用   香料：黄芥末，红甜椒粉，红辣椒，豆蔻，盐

外卖奶酪通心粉有它的优势，但是别想和家庭料理相提并论。我的个人风格突出了红甜椒粉，辅以韭葱和少数香料。添加的面

包屑，营造了不错的酥脆口感。

1 汤匙加 ⅓ 杯无盐黄油	1 茶匙黄芥末粉
4~5 个韭葱	1 汤匙烟熏或甜的红甜椒粉
2 汤匙加 1 汤匙盐	¼ 茶匙豆蔻粉
1 磅通心粉	1 茶匙红辣椒碎
3 汤匙中筋面粉	2 个鸡蛋
3 杯全脂牛奶	可选：
1 磅重味切达奶酪	3 汤匙面包屑

　　为 9 英寸×13 英寸的烤盘涂油。去掉韭葱的深绿色部分，切成 ¼ 英寸的方块。

　　锅中加水，煮通心粉。水沸腾后，加 2 汤匙盐和通心粉。煮至通心粉微微发软。倒掉锅中的水，将通心粉放回锅中。

　　取大平底锅，以中低火熔化黄油。当黄油温度上升至起泡状态，加入韭葱煸炒 1 分钟，然后盖上锅盖，烹煮 10~15 分钟直到韭葱变软。在五分钟时搅拌一次，如果韭葱变成褐色则调低火力。取下锅盖，加入通心粉，翻炒均匀。加入牛奶，搅拌至慢煮状态。加入切达奶酪、黄芥末粉、红甜椒粉、豆蔻粉、红辣椒碎和盐。

　　将鸡蛋打入碗中搅拌。满满加入半杯热奶酪酱，这样鸡蛋就不会碎，然后将蛋液倒入大平底锅混合。

　　将奶酪酱倒入通心粉锅，搅拌均匀。倒入烤盘。如果有则撒上面包屑。烘烤直到奶酪冒泡且边缘呈褐色，大约 30 分钟。吃之前冷却至少 10 分钟。

❋ 红甜椒土豆煎饼佐苹果酱 / Paprika Potato Pancakes, with Applesauce
· · · ·

供 2 人享用   香料：甜的红甜椒粉，蒜，百里香，黑胡椒

威斯康星州炸鱼美妙绝伦。白兰地老式鸡尾酒，加上开胃泡菜，用来给炸鱼打头阵。炸鱼不是单打独斗的，必须有脆土豆煎饼，还要蘸上苹果酱。

½ 磅土豆（3 个中等大小的）	1 个鸡蛋，打好
1 茶匙盐	1 个黄洋葱，切丁
1 茶匙黑胡椒，现磨	1 汤匙中筋面粉
1 茶匙甜的红甜椒粉	¼ 杯黄油
½ 茶匙蒜粉	1 杯苹果酱
¾ 茶匙百里香	

取一个大锅，装水煮沸。加入土豆，煮至可以被插入餐叉，大约 20~30 分钟。与此同时，将盐、黑胡椒、红甜椒粉、蒜粉和百里香混入打好的鸡蛋。

待土豆冷却后，将其放入一个垫有薄洗碗巾的大碗。（不要在土豆还没有凉透的时候做这一步。如果你等不及，将土豆放入冰水中，帮它们凉得更快。）收紧洗碗巾，形成一个小袋子，挤出土豆中多余的水。尽量用力，土豆中的水越少，做出的煎饼就越脆。

倒掉水，用毛巾沥干土豆，并放回碗里。加入洋葱和蛋液，用

手混合。混入面粉。这时，混合物应该容易塑成饼形，如果混合物较散，加更多面粉，一次加一点，直到能够塑形。

将混合物做成两个圆饼，直径 5~6 英寸，厚约 ½ 英寸。取一个大平底锅，用中火熔化黄油。当黄油温度上升至起泡状态，放入土豆饼。煎大约 5 分钟，直到饼底呈褐色并变脆，然后翻面重复一次。煎第一个饼的同时，整形第二个饼，准备就绪。加一些黄油再放第二张饼。涂上凉苹果酱趁热食用。

笔记：面团和煎饼可以提前准备。放在密封容器或者用保鲜膜封于盘中，压下保鲜膜使其贴在饼上。

❋ 咖喱燕麦片 / Savory Curry Oatmeal
· · · ·

供 1 人享用　　　　　　　　　香料：咖喱，盐

适合作一天中任何一餐的咸燕麦片。

1 杯水　　　　　　　　　　　2 汤匙金色葡萄干

½ 杯干滚压燕麦片（老式）　　¼ 杯扁桃仁片（烘烤，如果需要）

2 茶匙咖喱粉　　　　　　　　蜂蜜或枫糖浆，根据口味

1 捏盐

在一口小锅中将水煮沸。加入燕麦片，降至中火。搅拌直至所需稠度；燕麦片应该已经吸收水分，但没有呈糊状。将锅从火上移开，加入咖喱粉、盐、金色葡萄干和扁桃仁片。尝一尝；拌入蜂蜜或枫糖浆调节甜度。

❋ 餐厅风格法棍蘸汁 / Restaurant-Style Dipping Sauce, for Toasted Baguette

· · · ·

供多人享用（一个人吃也行）   香料：迷迭香，红辣椒碎，黑胡椒，盐

这款蘸汁很适合简单的一餐，你所需要的就是挑根新鲜的法棍，蘸酱在家里就可以制作。我会使用家里现有的任何一种奶酪，或者买法棍的同时再挑一块布里奶酪。

1 根法棍   ¼ 茶匙红辣椒碎

¼ 杯橄榄油   ¼ 茶匙黑胡椒，现磨

3 汤匙意大利香醋   ¼ 茶匙盐

1 茶匙迷迭香碎

将烤箱预热至 400 华氏度（约 204 摄氏度）。

将法棍切成 1 英寸厚的片。在面包片上淋 2 汤匙橄榄油。将面包片放在烤盘上，置于烤箱烘烤直到表面呈浅金褐色，大约 10 分钟。

将意大利香醋、2 汤匙橄榄油、迷迭香碎、红辣椒碎、黑胡椒和盐放入一个小碗，用餐叉混合。

烤脆的面包片蘸香料油醋汁享用。

笔记：这个搭配中加入奶酪也非常合适。我喜欢把布里奶酪裹在安全的烤布中加热，然后用面包片蘸奶酪和油醋汁吃。

❋ 大黄派 / Rhubarb Pie
• • • •

供 6~8 人享用　　　　　　　　　香料：盐，香草

从春末到仲夏，是大黄的季节，做一个美味的派吧。

1 杯糖	2 杯大黄，切成四分之一英寸的块
1 汤匙加 2 汤匙中筋面粉	1 个派皮
1 捏盐	½ 杯红糖
2 个鸡蛋	1 汤匙黄油，冷的

将烤箱预热至 425 华氏度（约 218 摄氏度）。

制作派馅，将糖、1 汤匙面粉和盐在一个大碗中搅拌均匀。打入鸡蛋拌匀，一次一个。加入大黄块，搅拌直至均匀。将混合物倒入派皮。

制作派顶，将红糖、冷黄油和 2 汤匙面粉翻入碗中混合。用手混合，直到混合物变得像碎石一样。撒在派上。

烘烤 15 分钟，然后降低至 350 华氏度（约 177 摄氏度），再烘烤 30 分钟。

✳ 烤鹰嘴豆 / Roasted Chickpeas
. . . .

供 1~2 人享用　　香料：孜然，扎塔，黑芝麻，盐；可选：咖喱，卡宴辣椒

实在不想做饭，又想吃顿健康的？这是可以在家轻松完成的一餐。

1 个 15 盎司的鹰嘴豆罐头	¼ 茶匙加 1 捏盐
1 汤匙加 ½ 茶匙橄榄油	½ 茶匙白葡萄酒醋
1 茶匙孜然	½ 个柠檬的汁
1 茶匙扎塔	⅛ 茶匙蜂蜜
¼ 茶匙黑芝麻	

将烤箱预热至 450 华氏度（约 232 摄氏度）。

将鹰嘴豆倒入一个筛子，用冷水冲洗。在纸巾上沥干。取一个中等大小的碗，混合鹰嘴豆、1 汤匙橄榄油、孜然、扎塔、黑芝麻和 ¼ 茶匙盐。把混合物摊在烤盘上，把每个鹰嘴豆分开，这样它们会被烤成褐色并变脆，而不是黏在一起被蒸熟。放入烤箱烘烤 15 分钟。鹰嘴豆应该呈褐色且是脆的。

在此期间，将 ½ 茶匙橄榄油、白葡萄酒醋、柠檬汁、蜂蜜和一捏盐放入一个小碗混合。鹰嘴豆烤好后，一起放入大碗中。晃一晃让酱汁裹匀享用。

笔记：如果你的扎塔中已经含有孜然和盐，请省略或减少孜然和盐。如果想要一些辣味，添加 ½ 茶匙卡宴辣椒，或 1½ 茶匙辣咖喱粉。

✳ 迷迭香早餐土豆 / Rosemary Breakfast Potatoes
• • • •

供 4 人享用   香料：盐，黑胡椒，迷迭香

迷迭香土豆是一道经典早餐。和鸡蛋一起上桌，开始丰盛的一天。

2~3 个黄土豆，或 4~5 个红土豆	2 茶匙盐
1 颗小个黄洋葱	2 茶匙黑胡椒
2 汤匙黄油、橄榄油或培根油	2 茶匙迷迭香

土豆去皮，切成 1 英寸的方块。煮土豆，直到软得可以插进餐叉，大约 10 分钟。

洋葱切大块。在一个大平底锅中大火热油，然后加入洋葱，煸炒至褐色，大约 4~5 分钟。将土豆和盐、黑胡椒、迷迭香一起加入锅中。让它们在锅底待一或两分钟，不要搅拌，让土豆能够变脆。每隔几分钟摇一次。土豆已经是熟的，所以需要的只是变色和入味。达到所需的口感后盛出；我喜欢快要煳了的土豆，所以要让它们在锅里多待一段时间。

笔记：也可以加一些蔬菜进去。菜椒是个不错的选择，切成和土豆一样大小的块。

❋ 番红花饭 / Saffron Rice
· · · ·

供 4 人享用，作为配菜或加入咖喱　　　香料：味精，番红花，盐

漂亮的米饭，有番红花淡淡的香气，以及味精的增强。

1 汤匙水　　　　　　　　　　　½ 茶匙盐

1 捏番红花（20~30 根）　　　　1 茶匙味精

2 杯鸡肉或蔬菜汤　　　　　　　1 杯白米，长短都好

煮沸 1 汤匙的水。将番红花放入一个小碗，然后倒入 1 汤匙沸水。放置 15~30 分钟，或者如果需要，可以放更长时间。

取一个中等大小的厚底锅，加入番红花及水、汤、盐、味精和白米。煮沸，然后降至中火。盖上锅盖，焖煮至液体被米饭吸收、米饭变软，15~20 分钟。

✳ 番红花奶油酥饼 / Saffron Shortbread Squares
· · · ·

制作 30 块　　　　　　　　　　　　香料：番红花，小豆蔻，肉桂

风味的主角是番红花，小豆蔻和肉桂充当背景。

1 杯无盐黄油	2 茶匙泡打粉
¼ 茶匙番红花	½ 茶匙小豆蔻粉
1 杯加 ½ 杯糖	¼ 茶匙锡兰肉桂粉
1 个鸡蛋，分蛋	1 汤匙水
1 茶匙香草提取物	⅔ 杯开心果，切碎
1¾ 杯中筋面粉	

准备工作：在一口小锅中熔化黄油，加入番红花小火加热。煸炒 2 分钟，然后从火上取下。放入罐子或特百惠中，并在冰箱中放置至少 8 个小时（几天也是可以的）。

将烤箱预热至 350 华氏度（约 177 摄氏度）。

搅拌番红花、黄油和 1 杯糖。加入蛋黄和香草提取物，搅拌均匀。另取一个碗，混合面粉、泡打粉、小豆蔻粉和肉桂粉。一点点将干食材加入湿食材；混合物应该容易成粒。在 9 英寸 × 13 英寸涂好油的烤盘中均匀铺开。

在一个小碗中混合蛋白和水。倒在面团上。再往上面撒 ½ 杯糖和开心果碎。烘烤 25~30 分钟。

笔记：如果需要更突出的小豆蔻和肉桂风味，随糖各撒 1/8 茶匙。

❄ 番红花酸奶 / Saffron Yogurt

. . . .

供 1 人享用   香料：番红花，盐

这种酸奶真的非常漂亮,加入其他菜品时还会带去优雅的风味。

½ 茶匙干燥橙皮，或 1½ 茶匙新鲜   1 杯原味全脂希腊酸奶。
   橙皮   可选：
1~2 捏番红花（30~50 根）   ¼ 杯扁桃仁片，烘烤
1 汤匙水   ¼ 杯石榴籽
1 捏盐

煮水。在一个小碗中混合橙皮和番红花。倒入 1 汤匙沸水，混合，静置 30 分钟。（如果是新鲜橙皮，则在放置 15 分钟后添加。）30 分钟后，加入 1 捏盐，然后倒入 1 杯酸奶，搅拌混合。加入扁桃仁片和石榴籽增添更多风味。

笔记：在加入酸奶前，番红花可以在水中最多放置 3 个小时。制作好的酸奶如果放置一夜，风味和颜色会达到最佳状态，因为番红花的风味会随时间而加深。

❋ 病号汤 / Sick Soup
. . . .

供 2 人享用   香料：味精，咖喱粉，蒜，盐，黑胡椒，牛至

　　这是一种基础的汤，可以加入很多种食物，取决于生病的人想要什么。当我发烧时，我最不想要的就是油腻的食物，所以我喜欢的可能在别人眼里就太稀了。我还喜欢用咖喱粉或卡宴辣椒使鼻子通气。如果想要更丰盛的一餐，可以添加鸡肉、面条和饼干。

3 杯水	1 茶匙牛至或其他香草
2 汤匙鸡汤，或 1 个鸡汤块	可选：
½ 茶匙咖喱粉（甜或辣）	¼ 茶匙卡宴辣椒
½ 茶匙蒜粉	1 磅鸡蛋面条，煮好
½ 茶匙味精	1 磅鸡肉，煮好切好
½ 茶匙黑胡椒	2 杯牡蛎饼干
½ 茶匙盐	

　　混合所有食材，中火加热，慢煮至热透，大约 10~15 分钟。

笔记：如果添加鸡肉，可以自己烹饪鸡胸肉（按自己的喜好调味），或者从商店购买烤鸡，用餐叉把它拆成小块。

❊ 鹰嘴豆泥用的香辣口袋饼 / Spicy Pita, for Hummus
• • • •

供 4 人享用　　　　　　　　　香料：扎塔，蒜，迷迭香 / 牛至，盐

这是另一种可以让一餐变得非常简单的食谱。购买（或制作，如果心气正足）一碗鹰嘴豆泥，以及胡萝卜和口袋饼，在家享受慵懒的一餐。

4 张口袋饼　　　　　　　　　1 汤匙迷迭香或牛至

3 汤匙橄榄油　　　　　　　　1 茶匙盐

2 汤匙扎塔　　　　　　　　　1 茶匙黑胡椒，现磨

2 汤匙蒜粒

将烤箱预热至 400 华氏度（约 204 摄氏度）。

在完整的口袋饼上刷橄榄油，薄薄地覆盖表面。撒上扎塔、蒜粒、迷迭香或牛至、盐和黑胡椒。如需柔软的口感，将口袋饼切成 4 块，需要脆的，则切成 8 块。铺在烤盘上，烘烤至饼边呈金褐色，或继续烤至酥脆，8~10 分钟。从烤箱取出，与鹰嘴豆泥一同享用。

❋ 香辣鞋带土豆 / Spicy Shoestring Potatoes

• • • •

供 2 人享用   香料：葛缕子，盐、蒜，百里香，黑胡椒，卡宴辣椒

看起来只是自制薯条，其实要好得多。

2 个黄土豆	¼ 茶匙黑胡椒，现磨
1 茶匙葛缕子	⅛ 茶匙卡宴辣椒
½ 茶匙盐	1 汤匙橄榄油
¼ 茶匙蒜粒	1 汤匙黄油
¼ 茶匙干燥百里香	

土豆去皮。使用切丝器或者耐心用刀将土豆切成火柴棍粗。置于铺有纸巾的盘子上，晾至尽量干燥。在一个小碗中混合葛缕子、盐、蒜粒、百里香、黑胡椒和卡宴辣椒。

取一个大平底锅，热橄榄油和黄油。油热至冒泡后加入土豆，直到土豆呈褐色，大约 5 分钟。用夹子或漏勺取出土豆，置于纸巾上沥干。在土豆还热的时候撒上调味料。

❋夏日水果挞 / Summer Fruit Tart
· · · ·

供 6~8 人享用　　　　　　　　香料：香草

使用夏日丰盛水果的绝妙方式。当邻居敲门赠送，水果摊再次出现，或者采摘归来之后，这是帮你消耗库存的好方式。

2 杯全麦饼干，弄碎	1 杯糖粉
½ 杯黄油，冷的	1 茶匙香草提取物
½ 杯糖	4+ 杯新鲜水果，切尽可能薄片：草
1 杯奶油奶酪	莓、蓝莓、树莓、猕猴桃

将烤箱预热至 350 华氏度（约 177 摄氏度）。

给一个 8 英寸派盘涂或喷油。将冷黄油切成大块。在一个大碗中混合全麦饼干碎、黄油和糖。用手将之混合，直到可以塑形放入派盘。将派皮铺好，不用担心膨胀。烘烤 8~10 分钟。

用手动或电动搅打奶油奶酪几分钟，直到奶油奶酪变得蓬松。加入糖粉和香草提取物继续搅打一分钟以上。

等派皮冷却。如果不等，糖霜会熔化渗入派皮。派皮完全冷却后，将奶油奶酪混合物均匀填入。按喜好用草莓和其他水果进行装饰。

❄ 塔可西兰花 / Taco Broccoli

. . . .

供 2~4 人享用　　　　　　　　香料：塔可调味料

好吃到连不喜欢西兰花的人都难以拒绝。这种蔬菜从烤箱出来后，酥脆到让人认不出。

1 颗西兰花（大约 4 杯）　　　　¼ 杯塔可调味料（见附录 A）

3 汤匙橄榄油

将烤箱预热至 450 华氏度（约 232 摄氏度）。

将西兰花切成小朵。取一个大碗，混合西兰花、橄榄油和塔可调味料，直到橄榄油和调味料均匀包裹西兰花。将西兰花撒到烤盘上，让每朵间留有空间，均匀分散，必要时使用两个烤盘。（你要的是烤西兰花，不是蒸西兰花。）烤至西兰花边缘呈褐色，大约 25 分钟。盛入碗中享用。

✳ 威斯康星炸鱼 / Wisconsin Fish Fry
• • • •

供 4 人享用　　　　　　　　香料：卡宴辣椒，红甜椒粉，盐，黑胡椒

尽管星期五炸鱼一整年都待在威斯康星晚餐俱乐部，不过你也可以在家来一些。

1½ 杯中筋面粉	2 茶匙盐
½ 杯玉米淀粉	1 茶匙泡打粉
⅜ 茶匙卡宴辣椒	12 盎司啤酒，冷的（选择淡色、
½ 茶匙红甜椒粉	麦芽香气的，避免酒花型）
⅛ 茶匙黑胡椒粉	4 块黄鲈肉（或其他淡水鱼肉）

在一个碗中混合面粉、玉米淀粉、卡宴辣椒、红甜椒粉、黑胡椒粉和盐，直至均匀。将 ¾ 杯混合物转移至有框的烤盘，放在一旁。将泡打粉加入剩余的混合物，拌匀。加入 1¼ 杯（10 盎司）啤酒，搅拌混合；面糊中会起疙瘩。视情况将剩余的啤酒加入，一次加 1 汤匙，然后搅拌，直到面糊能够顺滑地从搅拌器上流下。

用纸巾将鱼肉擦干。给鱼肉涂上此前保留的干粉混合物，拍掉多余的干粉，然后放在烤架上。然后，为鱼肉裹上啤酒面糊，让多余的面糊滴下。将裹上面糊的鱼肉放回装有干粉混合物的烤盘，翻面，薄薄地用干粉包裹。立即在 375 华氏度（约 191 摄氏度）的油中炸，直到鱼肉炸透且面糊呈金褐色。在纸巾上或纸袋中沥干鱼肉。立即上桌。

❆ 世界最佳烤番薯 / World's Easiest Baked Sweet Potato
· · · ·

供 1 人享用   香料：卡津调味料

这简直就是轻松下厨的极致。

1 个番薯   2 汤匙卡津调味料（见附录 A）

2 汤匙黄油

将烤箱预热至 450 华氏度（约 232 摄氏度）。

将番薯洗净，晾干，纵向切成两半。切面朝下，在表面涂抹黄油。在上面撒上健康剂量的卡津调味料，大约每半 1 汤匙。将 1 汤匙黄油放于烤盘中央，放入烤箱 3 分钟，使其熔化。将黄油摊开，切面朝下放置番薯，确保黄油完全盖住了番薯。烘烤至番薯熟透，表面呈褐色并且变脆，大约 20~25 分钟。

笔记：根据番薯的大小，所需的烘烤时间会有不同。小个的可能只需要 10 分钟就会熟透，大个的可能需要 30 分钟。如果不确定，用餐叉每 5 或 10 分钟确认一次。

附录C

. . . .

饮 料

❋ 肉桂茶 / Cassia Tea

. . . .

供 1 人享用

水 肉桂块

将水加热至 200 华氏度（约 93 摄氏度），或沸腾后冷却 1 分钟。将 2 茶匙肉桂块放入茶浸，或直接放入杯中。倒入热水，泡 3~20 分钟都可以。桂皮的风味会从温和开始，随着浸泡时间逐渐变强；即使超过 20 分钟，风味依然精致。

笔记：肉桂块会沉入杯底，所以并不需要茶滤。它的味道并不强，所以我通常把肉桂块留在杯中，让其在饮用时持续萃取。这喝起来真的很甜。简单点说，这不就是肉桂水吗？严格来说没错。但是它既温暖又让人平静。

❋ 祖父的姜茶 / Grandpa's Ginger Tea
· · · ·

供 1 人享用

1 杯水

½~1 茶匙姜，粉或现磨

可选：

5 颗胡椒，任意颜色

将水、姜和胡椒（如果使用）倒入一口小锅。烧至慢煮状态，慢煮 10 分钟。过滤或挑出胡椒。祖父写道，他会在自己过敏的时候用这种茶给自己通气，也会在重要的事情前用它来提神。

❋ 香料酒 / Mulled Wine
· · · ·

晚间饮用：

供 1~4 人享用

4 小块糖渍姜

3 个完整丁香

3 颗小豆蔻种子（任意颜色）

¼ 个豆蔻的碎块

1 条阴香和 1 条锡兰肉桂（或者 1
　汤匙肉桂块）

1 瓶（750 毫升）醇厚的红葡萄酒

2 汤匙红糖

可选：

1 英寸香草荚

1 颗多香果

　　将除肉桂条之外的香料放入小布袋。（如果你没有小布袋，也可以将香料直接放入锅中。）将肉桂条掰成两半，红酒、红糖、肉桂条和其他香料加入一口中等或大锅中。中火烧至慢煮状态，注意不要让锅中沸腾。保持慢煮状态 10 分钟。

笔记：不要将肉桂条弄得太碎。这样会弄出粉末，你当然不想往酒里加肉桂粉。

聚会饮用：

供 4~8 人享用

5 个完整丁香	2 条阴香
5 颗小豆蔻种子（任意颜色）	¼ 杯糖
2 瓶红葡萄酒	可选：
1 杯或更多白兰地	3 颗多香果
1 个橙子，切片	

　　将除阴香条之外的香料放入小布袋。（如果你没有小布袋，也可以将香料直接放入锅中。）取一口大锅，放入红葡萄酒、白兰地、橙子片、糖和多香果，阴香条掰两半放入，中火加热。在吵闹的聚会中，考虑喝酒人可能会比较草率，橙子的籽需要挑出，白兰地也有可能放多。及时调整。

❋ 番红花香料茶 / Saffron Spice Tea

· · · ·

供 1 人享用

1 杯水	1 小捏番红花（15~20 根）
1 条肉桂（3~6 英寸）或 1 茶匙肉 　桂块	3 个绿色小豆蔻，捏开 可选：
1 块干姜或 2 英寸新鲜的，切半英 　寸块	蜂蜜，根据口味

如果使用干姜，则应在泡茶前 30 分钟用水将其复原。

用马克杯：将水加热至 200 华氏度（约 93 摄氏度），或沸腾后冷却 1 分钟。将肉桂和姜直接放入杯中。将番红花和小豆蔻放入茶浸。倒入热水，泡 6~8 分钟。你也许需要一些蜂蜜来调节甜度。

用炉子：取一口小锅，将 1 杯水、番红花、小豆蔻、肉桂和姜放入。慢煮 3 分钟。放好茶滤，倒入杯中享用。

❄ 冒烟的主教 / Smoking Bishop

. . . .

供 8 人享用

把那些上好的波特酒留起来，使用那些不错但不贵的来制作冒烟的主教。炉上温暖的酒饮，散发着柑橘香气，简直就是寒日里令人惬意的答案。

3 个橙子	¼ 茶匙豆蔻粉
20 个完整的丁香	¼ 茶匙多香果粉
1 瓶（750 毫升）波特酒，中等品质	1 条肉桂
½ 杯或更多白兰地或干邑	2 个橙子的或 ⅔ 杯橙汁
¼ 杯红糖	1 个橙子的橙皮

将烤箱预热至 350 华氏度（约 177 摄氏度）。

洗净橙子。使用图钉、牙签或者尖头肉类温度计戳 20 个孔。将完整丁香塞入孔中。放置于烤盘上，在烤箱中烘烤至呈褐色，至少 1 小时。取出冷却。

将整瓶波特酒倒入一口大炖锅，大火加热。达到慢煮状态后，调至中火，加入白兰地或干邑、红糖、豆蔻粉、多香果粉和肉桂。加入橙汁和橙皮。将丁香橙子切瓣，放入锅中。搅拌，品尝，根据需要再加香料或白兰地，倒入小马克杯或酒杯。舒服坐好，心满意足地呼气。

✳ 香料伯爵茶 / Spiced Earl Grey Tea
· · · ·

供 4~6 人享用

这是一种兼具淡果香和淡香料香的红茶。也许是因为其中的橙汁，我喜欢在不舒服的时候喝这种茶。它有点儿像热甜酒，但酒精更少，橙子和香料更多。

1 块豆蔻（从完整豆蔻破取）	10 个完整丁香
2 个中等大小的橙子	2 小条或 1 大条肉桂
1 个柠檬	5 颗黑胡椒
1 夸脱（4 杯）水	4 茶包（或大约 4 茶匙）伯爵茶
¼ 杯糖	

破取豆蔻：将完整的豆蔻裹在纸巾中，用一口重锅压。一点力气就能搞定。在这个食谱中，这一块应该是 ¼ 个豆蔻大小。

取一个橙子榨汁。柠檬也榨汁。将得到至少 ¼ 杯橙汁和 2 汤匙柠檬汁。

在一口中等大小的锅中，加入水、糖、丁香、肉桂、豆蔻和黑胡椒。将水煮开，然后从火上移开，加入伯爵茶。萃取 4 分钟，移除伯爵茶和香料，过滤至一个大量杯或水壶中。去除锅中剩余的香料，然后再将茶水倒回锅中。

加入橙皮、橙汁、柠檬汁。烧至慢煮状态，然后从火上移开。倒入小马克杯享用。用肉桂条装饰杯子。

参考书目

Acton, Eliza. *Modern Cookery, in all its Branches: Reduced to a System of Easy Practice for the use of Private Families*. London: Longman, Brown, Greek and Longmans, 1845. (现代烹饪全书 : 简化至可于家庭实践的系统)

American Spice Trade Association, Inc. *Spices: What They Are and Where They Come From*. New York: American Spice Trade Association, 1951. (香料 : 它们是什么以及来自何处)

———. *A Treasury of Spices*. New York: American Spice Trade Association, 1956. (香料宝库)

———. "A Glossary of Spices." New York: American Spice Trade Association, 1966. (香料汇编)

———. "What You Should Know About Ginger." New York: American Spice Trade Association, 1980. (你应该了解的关于姜的事情)

———. "What You Should Know About Basil." New York: American Spice Trade Association, June 4, 2000. (你应该了解的关于罗勒的事情)

———. "What You Should Know About Cumin Seed." New York: American Spice Trade Association, August 8, 2000. (你应该了解的关于孜然的事情)

———. "What You Should Know About Nutmeg & Mace." New York: American Spice Trade Association, August 8, 2000. (你应该了解的关于豆蔻和豆蔻

肉的事情）

———. "What You Should Know About Sesame Seed." New York: American Spice Trade Association, August 8, 2000. (你应该了解的关于芝麻的事情)

———. "What You Should Know About Turmeric." New York: American Spice Trade Association, August 8, 2000. (你应该了解的关于姜黄的事情)

Associated Press, "Hazardous materials unit called after horseradish spill." February 14, 1995. http://www.apnewsarchive.com/1995/Hazardous-Materials-Unit-Called-After-Horseradish-Spill/id-567df7bbaf8d6afb00098386a62b-c32b (以辣根命名的有害物质单位)

Barnett, Richard. *The Book of Gin*. New York: Grove Press, 2011. (金酒之书)

Bitterman, Mark. *Salted*. Berkeley: Ten Speed Press, 2010. (盐)

Bomgardner, Melody M. "The Problem with Vanilla." *Scientific American*. September 14, 2016. https://www.scientificamerican.com/article/the-problem-with-vanilla/ (香草的问题)

Booth, Martin. *Opium: A History*. New York: St. Martin's Press, 1996. (鸦片的历史)

Bosland, Paul W., Coon, Denise, Cooke, Peter H. "Novel Formation of Ectopic (Nonplacental) Capsaicinoid Secreting Vesicles on Fruit Walls Explains the Morphological Mechanism of Super-hot Chile Peppers." *Journal of the American Society for Horticultural Science*, pages 253−256, 2015. https://www.researchgate.net/publication/279564263_Novel_Formation_of_Ectopic_Nonplacental_Capsaicinoid_Secreting_Vesicles_on_Fruit_Walls_Explains_the_Morphological_Mechanism_for_Super-hot_Chile_Peppers (果肉壁上异位类辣椒素分泌囊泡的新型结构 [非胎座] 解释了超辣辣椒的形态学机理)

Braida, Charlene A. *Glorious Garlic: A Cookbook*. Pownal, Vermont: Storey Communications, Inc., 1986. (辉煌之蒜)

Broomfield, Andrea. *Food And Cooking In Victorian England*. Greenwood Publishing Group, Inc., 2007. (英国维多利亚时代的食物与烹饪)

Chicago Tribune, "Beer, Garlic Stoked Labor of Pyramids." April 25, 1993, Chicago Tribune: http://articles.chicagotribune.com/1993-04-25/news/9304250206_ 1_tombs-zahi-hawass-great-pyramids. (啤酒、蒜，金字塔劳工的燃料)

CDC. "Sodium and Food Sources." March 28, 2017. https://www.cdc.gov/salt/food. htm (钠和食物来源)

CNN. "Larry King Live: Interview with Julia Child." August 15, 2002. http://transcripts.cnn.com/TRANSCRIPTS/0208/15/lkl.00.html (拉里·金现场 : 茱莉亚·柴尔德访谈)

Coe, D. Sophie, and Coe, D. Michael. *The True History of Chocolate*. London: Thames & Hudson, 1996. (巧克力的真实历史)

Cook, Robin. *The Guardian*, "Robin Cook's chicken tikka masala speech." April 19, 2001. https://www.theguardian.com/world/2001/apr/19/race.britishidentity. (罗宾·库克的香料烤鸡咖喱演说)

Davidson, Alan. *The Oxford Companion to Food*. Oxford: Oxford University Press, 1999. (牛津食物指南)

Day, Harvey. *The Complete Book of Curries*. New York: A.S. Barnes and Co., 1966. (咖喱全书)

Dickens, Cedric. *Drinking With Dickens*. Goring-on-Thames: Elvendon Press, 1980. (与狄更斯一起喝酒)

Dumas, Alexandre. *Dictionary of Cuisine*. New York: Simon and Schuster, 1958. (美食词典)

Elliot, Paul, and Brown, Ian. "Sodium Intakes Around the World." World Health Organization. http://www.who.int/dietphysicalactivity/Elliot-brown-2007. pdf (世界各地的钠摄入量)

Eriksson, Nicholas, Shirley Wu, Chuong B. Do, Amy K. Kiefer, Joyce Y. Tung,

Joanna L. Mountain, David A. Hinds, and Uta Francke. "A Genetic Variant Near Olfactory Receptor Genes Influences Cilantro Preference." September 10, 2012. ArXiv.org. https://arxiv.org/abs/1209.2096（嗅觉受体基因附近的遗传变异影响对芫荽的偏好）

European Union, Regulation No 110/2008 of the European Parliament and of the Council, Annex II, *Spirit Drinks*, "Gin," no. 20, "Distilled Gin," no. 21, and "Aniseed-flavoured spirit drinks," no. 25.（金酒、蒸馏金酒、茴芹调味酒饮）

Ewbank, Anne. "Building a Life-Sized Gingerbread House Takes Over 10,000 Cookie Bricks." *Atlas Obscura*, December 14, 2017. https://www.atlasobscura.com/articles/life-size-gingerbread-house-san-francisco-fairmont-hotel（用超过一万块甜点砖建造真实尺寸的姜饼屋）

FDA. "Inspections, Compliance, Enforcement, and Criminal Investigations" CPG Sec. 525.750 Spices—Definitions. https://www.fda.gov/ICECI/ComplianceManuals/CompliancePolicyGuidanceManual/ucm074468.htm（检查，遵守，执行和犯罪调查）

Filocamo A., Nueno-Palop C., Bisignano C., Mandalari G., Narbad A. "Effect of Garlic Powder on the Growth of Commensal Bacteria From the Gastrointestinal Tract." *Phytomedicine*. 2012 Jun 15. https://www.ncbi.nlm.nih.gov/pubmed/22480662（蒜粉对胃肠道中共生细菌生长的影响）

Gelles, David. "Now at Saks: Salt Rooms, a Bootcamp and a Peek at Retail's Future." *The New York Times*, August 4, 2017. https://www.nytimes.com/2017/08/04/business/sakssalt-room-bootcamp.html?smid=tw-nytnational&smtyp=cur&_r=0（正在萨克斯商店：盐室，未来零售的成长与展望）

George, Andrew. "How the British Defeated Napoleon with Citrus fruit." *The Conversation*: May 19, 2016. https://theconversation.com/how-the-british-defeated-napoleon-with-citrus-fruit-58826（英国人如何用柑橘打败拿破仑）

Gibbs, W. M. *Spices and How to Know Them.* Buffalo, New York: Matthews-Northrup Works, 1909. (香料及认识方法)

Goodman, Philip. *The Purim Anthology.* Philadelphia: The Jewish Publication Society of America, 1952. (普珥节文集)

Halász, Zoltán. *Paprika Through the Ages.* Budapest: Corvina Press, 1963. (世代传承的红甜椒粉)

Hayes, Elizabeth S. *Spices and Herbs: Lore & Cookery.* New York: Dover Publications, 1961. (香料与香草 : 传说和烹饪)

Heth, Edward Harris. *The Wonderful World of Cooking.* New York: Simon and Schuster, 1956. (烹饪的美妙世界)

Humphries, John. *The Essential Saffron Companion.* Italy: Ten Speed Press, 1998. (番红花基础指南)

Humphrey, Sylvia Windle. *Spices, Seasonings and Herbs.* New York: Collier Books, 1965. (香料，作料和香草)

"Ice Creams Were Produced." Monticello.org. https://www.monticello.org/site/jefferson/home-activity-0 (冰淇淋制作)

Isaacs, Ronald H. *Every Person's Guide to Purim.* Jerusalem: Jason Aronson Inc, 2000. (每个人的普珥节指南)

Isaacson, Andy. "Meet One of the Last Pennsylvania Families Growing American Saffron." *Saveur.* January 18, 2016. http://www.saveur.com/pennsylvania-gold (认识宾夕法尼亚州一个最近种植美国番红花的家庭)

Jacobs, Jennifer. "Rendezvous at the Legend Wholesome and Holistic Culpeper." http://www.culpepperconnections.com/archives/uk/places/house.htm. January 2, 2015. (与传奇的整体医学卡尔佩珀会面)

Jordan, Michele Anna. *The Good Cook's Book of Mustard.* New York: Skyhorse Publishing, 1994. (好厨师的芥末书)

———. *Salt & Pepper*. New York: Broadway Books, 1999. (盐与胡椒)

Keoke, Emory Dean and Porterfield, Kay Marie. *Encyclopedia of American Indian Contributions to the World*. New York: Checkmark Books, 2002. (美洲印第安人对世界的贡献百科全书)

Kiniry, Laura. "Where Bourbon Really Got Its Name and More Tips on America's Native Spirit." Smithsonian.com, June 13, 2013. https://www.smithsonianmag.com/arts-culture/where-bourbon-really-got-its-name-and-more-tips-on-americas-native-spirit-145879/ (波旁威士忌名字的由来以及更多关于美洲本土烈酒的秘诀)

Knaapila, Antti, Liang-Dar Hwang, Anna Lysenko, Fujiko F. Duke, Brad Fesi, Amin Khoshnevisan, Rebecca S. James, Charles J. Wysocki, MeeRa Rhyu, Michael G. Tordoff, Alexander A. Bachmanov, Emi Mura, Hajime Nagai, and Danielle R. Reed. "Genetic Analysis of Chemosensory Traits in Human Twins." *Chemical Senses*, Volume 37, Issue 9, 1 November 2012, Pages 869–881, https://doi.org/10.1093/chemse/bjs070. (双胞胎化学感应形状的遗传分析)

Landry, Robert. *The Gentle Art of Flavoring*. Translated by Bruce H. Axler. New York: Abelard-Schuman, 1970. Originally published in French as Les Soleils de la Cuisine, 1967. (风味的温和艺术)

Lewis, Y.S. *Spices and Herbs for the Food Industry*. Orpington, England: Food Trade Press, 1984. (用于食品工业的香料和香草)

Livingston, Kathryn. "Paprika." *Gourmet*, September 1980. (红甜椒粉)

Loewenfeld, Claire, and Back, Phillipa. *The Complete Book of Herbs and Spices*. New York: G.P. Putnam's Sons, 1974. (香草和香料全书)

Marchese, Anna, et al. "Antifungal and Antibacterial Activities of Allicin: A review." *Trends in Food Science & Technology*, Volume 52, 49–56. June 2016.

（大蒜素的抗真菌和抗细菌功能：回顾）

Merriam-Webster.com. Merriam-Webster, 2011.

Meyer, Joseph E., and Clarence Meyer. *The Herbalist.* Meyerbooks: Glenwood, Illinois, 1986. (Revised; original 1918.)（草药学家）

Miloradovich, Milo. *The Home Garden Book of Herbs and Spices.* Garden City: New York, 1952.（家庭花园的香草与香料之书）

National Geographic. *Edible: An Illustrated Guide to the World's Food Plants.* National Geographic Society: 2008.（食物：世界食用植物图解指南）

National Institutes of Health. "Turmeric." https://nccih.nih.gov/health/turmeric/ataglance.htm（姜黄）

The New Straits Times Press. "Business Times." 29 July 1998, page 3. Accessed July 16, 2017. http://www.culpepperconnections.com/archives/uk/places/house.htm.（商业时报）

Norman, Jill. *The Burns Philp Book of Spices.* London: Dorling Kindersley, 1990. （伯恩斯·菲尔普香料之书）

Owen, Bill, and Alan Dikty. *The Art of Distilling Whiskey and Other Spirits.* Quarry Books, 2009.（蒸馏威士忌和其他烈酒的技艺）

Parry, J. W. *The Spice Handbook: Spices, Aromatic Seeds and Herbs.* Chemical Publishing Co., Inc: Brooklyn, New York, 1945.（香料手册：香料，芳香的种子和香草）

Pendergrast, Mark. *For God, Country, and Coca-Cola.* Charles Scribner's Sons: New York, 1993.（为了上帝，国家和可口可乐）

Pillsbury.com, "History of the Pillsbury Bake-Off Contest." https://www.pillsbury.com/bake-off-contest/history-of-the-pillsbury-bake-off-contest（皮尔斯伯里烘焙比赛的历史）

Poti, Jennifer M., Elizabeth K. Dunford, and Barry M. Popkin. "Sodium Reduction

in US Households' Packaged Food and Beverage Purchases, 2000 to 2014."
JAMA Internal Medicine, June 2017. http://jamanetwork.com/journals/jamainternalmedicine/article-abstract/2629447（美国家庭购买包装食品和饮料中钠含量降低，2000 年至 2014 年）

Prabhakaran Nair, K. P. *Agronomy and Economy of Black Pepper and Cardamom.* New York: Elsevier, 2011.（黑胡椒和小豆蔻的经济和农业）

Ramsey, Dom. *Chocolate.* New York: Penguin Random House, 2016.（巧克力）

Ridley, Henry N. *Spices.* London: MacMillan and Co., Limited, 1912.（香料）

Rosengarten, Frederic Jr. *The Book of Spices.* Pyramid Communications: New York, 1969.（香料之书）

The Salt Institute, "Iodized Salt." July 13, 2013. http://www.saltinstitute.org/2013/07/13/iodized-salt/（加碘盐）

Sen, Colleen Taylor. *Curry: A Global History.* London: Reaktion Books Ltd., 2009.（咖喱：世界史）

Shulman, Martha Rose. *Garlic Cookery.* New York: Thorsons Publishers Inc., 1984.（蒜的烹饪）

Singer, Marilyn. *The Fanatic's Ecstatic Aromatic Guide to Onions, Garlic, Shallots and Leeks.* New Jersey: Prentice-Hall, Inc., 1981.（狂热者的洋葱、蒜、火葱和韭葱极乐芳香指南）

Slackman, Michael. "Germany Loves Its Currywurst—Contradictions, Calories and All." *The Seattle Times.* January 29, 2011. https://www.seattletimes.com/life/food-drink/germany-loves-its-currywurst-8212-contradictions-calories-and-all/（德国人喜欢的咖喱香肠——矛盾、卡路里及其他）

Small, Ernest. *Top* 100 *Food Plants.* Ottawa, Canada: NRC Research Press, 2009.（100 种食用植物）

Smithsonian Institution. "Egyptian Mummies." 2012. https://www.si.edu/Encyclopedia_SI/nmnh/mummies.htm（埃及木乃伊）

Spice-work.com, via the Wayback Machine. https://web.archive.org/web/
20060816070915/http://spicehousebrand.com:80/shdj5.htm

Swahn, J. O. *The Lore of Spices*. New York: Crescent Books, 1991.（香料的传说）

Tucker, Arthur and Michael J. Macciarello. "Oregano: Botany, Chemistry, and Cul-
tivation." in *Spices, Herbs and Edible Fungi* (ed: G. Charalambous). Elsevier:
Science BV, 1994.（牛至：植物学，化学和种植）

Turner, Camilla. "Rosemary Sales Double During Exam Season after Study Sug-
gests It Boosts Brain Power." *The Telegraph*. May 17, 2017. http://www.
telegraph.co.uk/education/2017/05/17/rosemary-sales-double-exam-season-
study-suggests-boosts-brain/（在研究显示迷迭香可以增强脑力后考试季的
迷迭香销量翻番）

Turner, Jack. *Spice: The History of a Temptation*. New York: Knopf, 2004.（香料：
诱惑的历史）

Vanilla Bean Association of America, Inc. *The Story of Pure Vanilla*. New York:
Vanilla Bean Association of America, Inc., 1955.（纯香草的故事）

Westland, Pamela. *The Book of Spices*. New York: Exeter Books, 1985.（香料之书）

Wildman, Frederick S. *Spice Notes*. New York: M. Barrows, 1960.（香料笔记）

Willard, Pat. *Secrets of Saffron: The Vagabond Life of the World's Most Seductive
Spice*. Boston: Beacon Press, 2001.（番红花的秘密：世界最诱人香料的漂
泊史）

Wondrich, David. "Whiskey for the Winter." *Esquire*, December 17, 2010. https://
www.esquire.com/food-drink/drinks/a9129/winter-drink-recipes-0111/（冬日
的威士忌）

Wynter Blyth, Alexander, and Meredith Wynter Blyth. *Foods: Their Composition
and Analysis*. C. Griffin & company, 1903.（食物：构成与分析）

对照表

公制与英制的转换

（为方便而取整）

食材	杯/匙	盎司	克/毫升
黄油	1 杯 /16 汤匙 /2 条	8 盎司	230 克
奶酪，磨碎	1 杯	4 盎司	110 克
玉米淀粉	1 汤匙	0.3 盎司	8 克
奶油奶酪	1 汤匙	0.5 盎司	14.5 克
面粉，中筋	1 杯 /1 汤匙	4.5 盎司 /0.3 盎司	125 克 /8 克
面粉，全麦	1 杯	4 盎司	110 克
水果，干燥	1 杯	4 盎司	110 克
水果或蔬菜，切碎	1 杯	5~7 盎司	145~200 克
水果或蔬菜，泥	1 杯	8.5 盎司	245 克
蜂蜜、枫糖浆或玉米糖浆	1 汤匙	0.75 盎司	20 克
液体：奶油、牛奶、水或果汁	1 杯	8 液盎司	240 毫升
燕麦	1 杯	5.5 盎司	150 克
盐	1 茶匙	0.2 盎司	6 克
红糖，紧实	1 杯	7 盎司	200 克
白糖	1 杯 /1 汤匙	7 盎司 /0.5 盎司	200 克 /12.5 克
香草提取物	1 茶匙	0.2 盎司	4 克

烤箱温度

（按烤箱刻度折算）

华氏度	摄氏度	英式刻度
225	110	1/4
250	120	1/2
275	140	1
300	150	2
325	160	3
330	180	4
375	190	5
400	200	6
425	220	7
450	230	8

索 引

图书在版编目（CIP）数据

味道的颗粒 ：一部香料的文化史 ／（爱尔兰）凯特琳·彭齐穆格著 ；
陈猽译. —— 北京 ：文化发展出版社，2022.5（2024.5重印）
ISBN 978-7-5142-3662-0

Ⅰ．①味… Ⅱ．①凯… ②陈… Ⅲ．①香料－食品添
加剂－基本知识 Ⅳ．①TS264.3

中国版本图书馆CIP数据核字(2022)第027651号

著作权合同登记号 图字：01-2022-0182

味道的颗粒：一部香料的文化史

著 者	[爱尔兰]凯特琳·彭齐穆格		
译 者	陈猽		

出 版 人	宋 娜	统筹监制	范 炜
责任编辑	冯语嫣	责任校对	岳智勇
装帧设计	郭 阳	责任印制	杨 骏

出版发行	文化发展出版社有限公司（北京市翠微路 2 号 邮编：100036）
网 址	www.wenhuafazhan.com
经 销	各地新华书店
印 制	天津嘉恒印务有限公司
	（如发现印装质量问题，请与印刷厂联系调换）
规 格	880mm×1230mm 1/32
字 数	140 千字
印 张	11.125
印 次	2022 年 5 月第 1 版 2024 年 5 月第 2 次印刷
I S B N	978-7-5142-3662-0
定 价	69.00 元

◆如发现任何质量问题请与我社发行部联系。发行部电话：010-88275710